普通高等学校公共基础类"互联网＋"规划教材

大学普通物理实验简明教程

主　编　赵　靖　刘碧聪　刘　建

副主编　莫腾欢　马禄彬　詹宪钰

本书资源使用说明

北京邮电大学出版社

·北京·

内容简介

本书是在百色学院物理系多年物理实验教学实践的基础上编写而成的。本书融入了大量近年来物理实验教学研究成果，是物理系实验教师和实验技术人员的集体智慧的结晶。

全书共7章，42个实验，内容包括绪论、力学实验、电磁学实验、热学实验、光学实验、近代物理学实验及设计性实验。本书所有实验内容都经过了精心编排与教学实践的锤炼，注重采用实验手段教授物理知识，强化学生的自主实验能力和探索研究能力。本书将理工科非物理专业的大学物理实验及物理专业的普通物理实验进行了区分，简明扼要地描述了实验目的、实验原理和实验步骤旨在激励学生展示他们的独特视点、个性化思考和创造性思维，希望由此能逐步培养学生的研究意识，并给学生更多自主探索科学的自由空间。

本书可作为应用型本科院校的物理专业、物理教育专业以及其他各个理工科专业的基础物理实验教学用书或参考书，也可供其他院校参考使用。

图书在版编目(CIP)数据

大学普通物理实验简明教程 / 赵靖，刘碧聪，刘建主编. -- 北京 ：北京邮电大学出版社，2024. -- ISBN 978-7-5635-7333-2

Ⅰ. O4-33

中国国家版本馆 CIP 数据核字第 2024R00X91 号

策划编辑：李 平　**责任编辑**：唐咸荣　**封面设计**：七星博纳

出版发行：北京邮电大学出版社
社　　址：北京市海淀区西土城路 10 号(100876)
电话传真：010-82333010　62282185(发行部)　010-82333009　62283578(传真)
网　　址：www. buptpress3. com
电子信箱：buptpress3@163. com
经　　销：各地新华书店
印　　刷：鸿博睿特(天津)印刷科技有限公司
开　　本：787 mm×1 092 mm　1/16
印　　张：10. 5
字　　数：261 千字
版　　次：2024 年 8 月第 1 版
印　　次：2024 年 8 月第 1 次印刷

ISBN 978-7-5635-7333-2　定价：36. 80 元

前　言

为了更好地适应应用型本科院校的人才培养目标和定位，适应教学需要和课程体系的变化，编者结合近几年的物理实验项目，以及多年来从事大学物理实验和普通物理实验教学的实践经验，编写了本书。本书融入了大量百色学院物理系物理实验教师近年来的物理实验教学研究成果和科学研究成果，体现了物理系物理实验教师和实验技术人员的集体智慧。

物理学本质上是一门实验科学，但是学生在学习物理的过程中，通常更重视理论课，而忽视实验课。因此，编者希望本书的编写能够体现一些实验精神，注重培养和训练学生运用实验的方法和手段进行研究的基本素养与能力。

本书在实验项目、实验内容的选择上，不仅注意了重要物理现象与规律的研究，也注意了学生未来发展的需要。本书在编写上注重采用实验手段教授物理(即实验物理教学)的理念，强化学生的自主实验和探索研究能力。书中每一个实验都提供了较为详尽的实验过程与操作步骤，使学生在课前能够通过仔细阅读和认真思考，对要研究的问题、解决问题的思路、实验方案的设计、实验的具体展开等做好充分的了解和准备。

本书在编写形式上采用了科学论文的形式，即主要标题为“实验目的”“实验仪器”“实验原理”“实验步骤”“数据处理”，使学生在阅读本书和撰写实验报告时熟悉科学论文的写作方式。

本书的编写参考了我国大量物理实验教学工作者编著的教材、著作和最新研究成果，有些已在参考文献中列出，有些未能罗列，在此一并向他们表示衷心的感谢。

参加本书编写的有赵靖(实验 5～实验 8，实验 11～实验 18，实验 20～实验 23，实验 39～实验 42)、刘碧聪(实验 9～实验 10，实验 19)、刘建(实验 24～实验 38)、莫腾欢(实验 1～实验 4)；绪论部分由马禄彬和詹宪钰编写；常用物理学常数(量)表和国际单位制由赵靖整理；教材框架、实验项目及内容方案确定，统稿和定稿由赵靖和刘碧聪完成。百色学院物理系的梁昌旺、李佳达、黄威珊、黄高杰、吴超琦、李明明、黄浩、张深等同学协助完成了历年实验讲义与实验报告的总结与整理工作。广西师范大学的周厚兵老师、朱长明老师、覃以威老师等提供了许多帮助。本书在编写过程中还得到了百色学院梁兵老师的悉心指导，在此一并表示衷心的感谢！

由于编者水平有限，书中难免存在错误和不妥之处，恳请读者批评指正。

编　者

目　　录

第1章 绪　　论

本章介绍物理实验课的作用与意义、物理实验课的教学要求、测量与误差、测量不确定度、有效数字及其运算规则、数据处理的基本方法。1.1节的主要内容包括物理实验的历史进程、物理实验课的作用、开设大学物理实验课和普通物理实验课的目的。1.2节的主要内容包括物理实验室守则、物理实验课上课要求、物理实验课进程。1.3节的主要内容包括测量、误差。1.4节的主要内容包括不确定度的概念、不确定度的两类分量、标准不确定度的合成与测量结果的表示。1.5节的主要内容包括有效数字的概念、数值的书写规则、有效数字的运算规则。1.6节的主要内容包括列表法、作图法、逐差法、最小二乘法。本章为物理专业必学内容，其他理工科非物理专业可以进行选学。

1.1 物理实验课的作用与意义

1.1.1 物理实验的历史进程

物理实验在物理学发展史上有重要的地位和作用。从经典物理到现代物理，从宏观领域到微观粒子，物理学的丰硕成果都是理论与实验结合的产物，无论物理规律的发现，还是物理理论的验证，都离不开物理实验。例如，牛顿运动定律、电磁学基本定律——库仑定律和毕奥-萨伐尔定律都是通过实验总结出来的；赫兹的电磁波实验使麦克斯韦电磁场理论获得普遍承认；杨氏干涉实验使光的波动学说得以确立；卢瑟福的α粒子散射实验揭开了原子的秘密；近代高能粒子对撞实验使人们得以深入基本粒子的内部，探索其规律。从中国古代、古希腊、古印度等文明对自然界进行的试验性探究，到17世纪的物理学大革命时期，伽利略、牛顿等开始采用实验方法进行物理学研究，再到20世纪，爱因斯坦在研究光电效应时提出了光量子概念，随着实验技术的不断进步和实验方法论的完善，物理学实验探究的能力和水平也在逐渐提高，可以说物理学是在实验中产生、发展及完善起来的。

1.1.2 物理实验课的作用

物理学作为一门实验性科学，其理论建立在实验的基础上，同时又要接受实验的不断检验。通过测量型、探究型、设计型等实验的开展，可以开发学生的智力，激发学生的学习兴趣，培养学生的创新能力。科学的物理实验是科学理论的源泉，更是工程技术的基础，是探究自然规律、认识客观世界、改造客观世界，以及解决生产实践问题的重要手段。

大学物理实验和普通物理实验是学生进入大学后接受系统、全面实验技能训练的开端，也是后续实验实训课程的基础。作为应用型本科院校单独开设的一门基础课程，在培养学生理论联系实际的能力、执着的求是精神、活跃的创新意识及适应科技社会发展等方面，物理实验课有着不可替代的作用。通过这些实验也可以调动学生的学习积极性和主动性,达到教学预期并提升教学效果。

1.1.3 开设大学物理实验课和普通物理实验课的目的

作为一门独立的基础课程,大学物理实验和普通物理实验具有自身独特的教学目的、教学方法及教学内容。

物理实验课对学生的能力和素质的培养不仅包括一般的实验技能,也包括在实验过程中发现问题和解决问题的能力、综合分析的能力、总结表达的能力,还包括科学态度和求是精神,以及爱护实验仪器、节省实验材料的良好品德和习惯。这是理论思维能力所不能替代的。开设物理实验课的具体目的如下。

(1)使学生通过对物理实验现象的观察、测量和分析,学习物理实验知识,加深对物理学一些基本概念和规律的认识和理解。

(2)培养和提高学生的科学实验能力,其中包括如下内容。

①通过阅读教材或资料,做好实验的预习。

②正确使用基本仪器设备,掌握基本物理量的测量方法和技术。

③运用物理理论对实验现象进行初步分析和判断。

④正确记录和处理实验数据、分析实验结果、撰写合格的实验报告。

⑤完成简单的、具有设计性内容的实验。

(3)培养和提高学生的科学实验素养,要求学生具有对待科学实验一丝不苟的严谨态度,理论联系实际和实事求是的工作作风,勇于探索、创新的精神,以及遵守纪律、团结协作、爱护公物的优良品德。

1.2 物理实验课教学要求

1.2.1 物理实验室守则

(1)按照实验教学计划,准时上实验课,不得迟到、早退和无故缺席。

(2)按时到达指定实验室,着装整齐规范。开始实验前,首先检查实验仪器、药品和器材是否齐全,经指导教师讲解实验内容、步骤,检查完各项实验准备工作后,方能开始操作。

(3)注意安全,严格遵守实验仪器设备的操作规程。对使用易燃、易爆,具有腐蚀性和毒性的试剂,必须严格按照指导教师的要求,在指定的地点和条件下进行实验。仪器设备和实验装置发生异常现象时,应立即停止实验并及时报告指导教师。发生安全事故时,应立即切断相应电源、气源等,并听从指导教师的指挥。

(4)不听从指导、自行实验、强行使用有故障仪器、私自装拆仪器设备而造成仪器设备损坏或发生事故者,必须写书面检查,并按学院有关规定承担相应责任并赔偿损失。

(5)经指导教师签字确认,认真清理实验用品及实验现场后,方可离开实验室。严禁将实验仪器设备、工具、材料用品等带出实验室。协助指导教师切断水、电源和气源。

1.2.2　物理实验课上课要求

实验前，熟悉物理实验室守则，掌握相关规定，认真预习实验指导书，掌握实验相关理论知识，明确实验原理、目的、方案及步骤，写出实验预习报告。

实验时，严格遵守物理实验室守则，听从指导教师和实验技术人员的指导，规范操作，细致观察，认真分析实验现象，将实验真实数据记录在专用实验记录本上。不得擅自离开操作岗位；不得抄袭、改动实验数据和结果；不得干预、干扰其他同学实验；未经指导教师或实验室管理人员同意，不得随意取用与本实验无关的仪器设备。

实验中，保持实验室清洁，严禁喧哗、吸烟、进食、接打电话等。爱护仪器设备，节约水、电、试剂等实验材料。

实验后，按照指导教师要求，及时、认真完成实验报告。实验报告内容应包括实验目的及要求、实验原理、实验装置、实验步骤、实验数据、实验数据处理（绘制曲线及图表等）、实验结果、分析与讨论等。

1.2.3　物理实验课进程

物理实验课进程主要包括实验预习、实验操作、数据处理与实验报告书写3个阶段。对这3个阶段的要求具体概括如下。

1. 实验预习阶段

(1)实验前仔细阅读实验教材或实验指导讲义，要求理解实验目的、实验原理，了解实验所用仪器设备的基本操作及注意事项，掌握实验整体内容与要求，明确实验所要观察或测量的物理量。

(2)书写预习报告。

(3)应根据实验要求，设计好实验数据的记录表格，保证及时、有效、准确地记录实验数据。

2. 实验操作阶段

(1)实验前，将预习报告提交指导教师审阅，预习报告不合格或没有达到预习要求者，不得进行实验操作。

(2)实验操作前，认真听取指导教师讲解，然后按要求安装或调整仪器设备，连接好实验电路，并检查仪器设备及零部件是否正常，做好测量前的准备工作。

(3)实验操作中，认真操控实验仪器、仔细观察实验现象、实事求是记录实验数据。

(4)如果每组实验为两人或两人以上，则应共同协作、相互配合，并做到共同参与、互相帮助。

(5)实验操作后，实验原始数据记录必须经指导教师签字，不得随意更改、抄袭、拼凑或伪造实验数据。离开实验室前要进行实验室整理与卫生打扫，并做好实验操作人员规定的相关登记。

3. 数据处理与实验报告书写阶段

实验报告是完成实验后的书面总结，是对本次实验的全面回顾与整理，也是把相关知识从感性认识深化为理性认识的重要过程。实验报告要求文字通顺、字迹端正、图表规范、数据正确、分析计算及结果表示科学合理，并对实验结果误差进行恰当合理的估算与表述。另外，在实验报告中，可以对实验中出现的问题及现象进行分析与讨论，如得到什么实验结果，存在哪些问题，需要怎样提升与改进等。

实验报告范例

1.3 测量与误差

1.3.1 测量

测量是指通过物理实验的方法，将被测物理量与选作标准单位的同类物理量进行比较，其比值即为被测物理量的测量结果，用标准量的倍数和单位来表示。测量结果应是一组数字和单位，必要时还要给出测量所用的量具或仪器、测量的方法及条件等。测量对象、测量单位、测量方法及测量准确度称为测量的四要素。例如，测量一个小钢球的直径，选用的标准单位是mm，测量结果是1 mm的15.560倍，则小钢球直径的测量值为15.560 mm，使用的量具为螺旋测微器，测量环境温度为25.0 ℃。

根据获取数据方式的不同，测量可分为两类：直接测量与间接测量。直接测量是指直接将被测物理量与选作标准单位的同类物理量相比较直接得到测量值，如用直尺测量长度、用秒表计时、用天平称质量、用电流表测量电流等。但是，更多的物理量是不能直接测量得到的，就需要进行间接测量。间接测量是指被测物理量与直接测量的物理量之间需要通过一定函数关系的辅助运算，从而得到被测物理量的测量结果，如物质的密度、某地的重力加速度等。又如，利用单摆测量重力加速度时，需先直接测量单摆长度 l 和单摆周期 T，再应用公式 $g=\frac{4\pi^2 l}{T^2}$，求得重力加速度 g。在物理量的测量中，绝大部分是间接测量，但直接测量是一切测量的基础。不论是直接测量，还是间接测量，都需要满足一定的实验条件，按照严格的方法正确使用仪器，才能得出应有的结果。因此，在实验过程中，一定要充分了解实验目的，正确使用仪器，细心地进行操作、读数和记录，才能达到巩固理论知识和加强实验技能训练的目的。

1.3.2 误差

1. 误差的定义与分类

物理量在客观上有着确定的数值，称为真值。测量的最终目的都是要获得物理量的真值。但由于测量仪器精度的局限性、测量方法或理论公式的不完善性、实验条件的不理想、测量人员操作不熟练等原因，使得测量结果与真值有一定的差异，这种差异称为误差。若某物理量的测量值为 x，真值为 A，则产生的误差 Δx 为

$$\Delta x = x - A \tag{1-3-1}$$

误差反映了测量值偏离真值的大小和方向。真值是一个理想概念，任何测量都不可避免地存在误差。

误差的来源可以归纳为以下几个方面。

(1)方法误差：由于所采用的测量原理或测量方法本身的近似性，或不严格、不完备而产生的误差。

(2)仪器误差：由于在进行测量时所使用的测量工具、仪表、仪器、装置等本身固有的各种缺陷而产生的误差。

(3)环境误差：由于测量系统以外的周围环境因素而产生的误差，如温度、湿度、气压、振动、灰尘、光照、电场、电磁波等。

(4)主观误差：由于进行测量的操作人员素质条件而产生的误差，如操作人员的分辨能力、反应速度及固有习惯等。

误差的产生有多方面的原因。从误差的来源和性质上可以将误差分为系统误差和随机误差两大类。

1)系统误差

在同一条件下(如方法、仪器、环境、人员)多次、重复测量同一物理量时，误差的大小和符号(正、负)均保持不变或按某一确定的已知规律变化，这类误差称为系统误差，它的特征是确定性。系统误差产生的原因可能是已知的，也可能是未知的。产生系统误差的原因主要有如下几个方面。

(1)仪器本身存在一定的缺陷或仪器使用不当。例如，仪器零点不准、水平或铅直未调整、砝码未校准等。

(2)实验方法不完善，或实验方法所依据的理论本身具有近似性。例如，用单摆测量重力加速度时，忽略空气对摆球的阻力影响；用电流表测量电阻时，不考虑电流表的内阻影响等。

(3)操作人员的生理、心理特点，或缺乏经验。例如，有人读数时，头习惯性地偏向某一方向；按动秒表时，习惯性地提前或滞后等。

系统误差举例如下：测量质量时，使用 20 g 的三等砝码，就会存在 ± 1 mg 的误差；停表指针的转动中心与刻度盘的几何中心不重合，使停表指示值出现周期性误差；用受热膨胀的米尺测量长度，用零点不准的螺旋测微器测量宽度时，测量结果均会出现误差；伏安法测量电阻时，电阻不论内接还是外接都会引入系统误差等。

系统误差不能通过多次测量来消除，能否用恰当的方法发现并消除系统误差可反映操作人员测量水平的高低。学生应该在实验和学习的过程中逐步积累经验，形成感性认识，结合实验具体情况对系统误差进行分析和讨论，采取一定的方法来减小其影响并对测量结果进行修正。

2)随机误差

在测量时，即使消除了系统误差，在相同条件下多次、重复测量同一物理量时，各次测量结果仍会有些差异，其误差的大小和符号不可预测、无法控制，没有确定的变化规律。但若大量增加测量次数，其总体(多次测量得到的所有测量结果)服从一定的统计规律，这类误差称为随机误差，它的特征是偶然性。

随机误差产生的原因很多，归纳起来大致可分为以下两个方面。

(1)操作人员在对准目标、确定平衡(如天平)、估读数据时所引入的误差。

(2)实验中各种微小因素的变动。

随机误差是由于测量过程中存在许多难以控制，且不确定的随机因素而引起的。这些随机因素包括空气的流动、温度的起伏、电压的波动、不规则的微小振动、杂散电磁场的干扰，以及操作人员感觉器官的分辨能力、灵敏度和仪器的稳定性等。例如，用停表测量三线摆的周期，按下按键的时刻有早有迟，动作的迟早差异，就导致了不可避免的随机误差。

随机误差的出现，对于某一次测量来说是没有规律的，其大小和方向是不可预知的。但若对某一物理量进行足够多次测量，则会发现随机误差服从一定的统计规律，可用统计方法进行估算。

3)系统误差与随机误差的关系

系统误差与随机误差的区别不是绝对的，在一定的条件下，它们可以相互转化。例如，用天平称量砝码质量产生的误差，对于制造者来说属于随机误差，而对于使用者来说属于系统误差。又如，测量对象的不均匀性，如小球直径、金属丝直径、米尺的长度等，既可以当作系统误差，也可以当作随机误差。

2. 测量误差的表示

1）绝对误差

绝对误差的定义为

$$\text{绝对误差}=\text{测量值}-\text{真值}$$

绝对误差可正可负，具有与被测物理量相同的量纲和单位，它表示测量值偏离真值的大小。由于真值一般无法得到，所以绝对误差也无法计算。实际测量中是用多次测量的算术平均值 $\overline{x}$ 代替真值，测量值 x 与算术平均值 $\overline{x}$ 之差称为偏差，用 Δx 表示，即

$$\Delta x=x-\overline{x} \tag{1-3-2}$$

2）相对误差

假定一个物体的真实长度为 100.0 mm，测量值为 100.2 mm，则测量误差为 0.2 mm；另一个物体的真实长度为 10.0 mm，测量值为 10.2 mm，则测量误差也为 0.2 mm。从绝对误差看两者相等，但测量结果的准确程度却大不一样。显然，评价一个测量结果的准确程度，不仅要看绝对误差的大小，还要看被测物理量本身的大小，即要看相对误差。

相对误差的定义为测量值的绝对误差与真值的比值。由于真值不能确定，因此，实际上常用约定真值，如公认值、算术平均值等，代替真值。相对误差 E_r 是一个无单位数值，一般用百分数表示，即

$$E_r=\frac{\Delta x}{\overline{x}}\times 100\% \tag{1-3-3}$$

上述第一个测量的相对误差 $E_r=(0.2/100.0)\times 100\%=0.2\%$，而第二个测量的相对误差 $E_r=(0.2/100.0)\times 100\%=2\%$，可见，第一个测量比第二个测量的准确度高。

3）百分误差

有时若需要将测量值与理论值或公认值比较，则用百分误差 E_0 表示，即

$$E_0=\frac{|\text{测量值}-\text{理论值}|}{\text{理论值}}\times 100\% \tag{1-3-4}$$

3. 误差与测量结果的关系

常用精密度、正确度、准确度来定性地描述测量值的重复性及其与真值的接近程度。

精密度：简称精度，表示重复测量所得结果相互接近的程度，即测量值分布的密集程度。精密度表征随机误差对测量值的影响，精密度高表示随机误差小，测量重复性好。它反映了测量结果中随机误差的大小。

正确度：表示测量值或实验所得结果与真值的符合程度。正确度表征系统误差对测量结果的影响，正确度高表示系统误差小，测量值接近真值的程度高。它反映了测量结果中系统误差的大小。

准确度：又称精确度，表示各测量值的重复性及其与真值的接近程度。准确度表征测量结果中系统误差和随机误差的综合大小，准确度高表示测量结果既精密又正确，测量过程中的随机误差和系统误差都小。

以射击时弹着点为例，说明以上三者的含义。图 1-3-1(a)表示射击的精密度高但正确度

低，即随机误差小而系统误差大；图 1-3-1(b)表示射击的正确度高但精密度低，即系统误差小而随机误差大；图 1-3-1(c)表示射击的准确度高，即系统误差和随机误差都小。

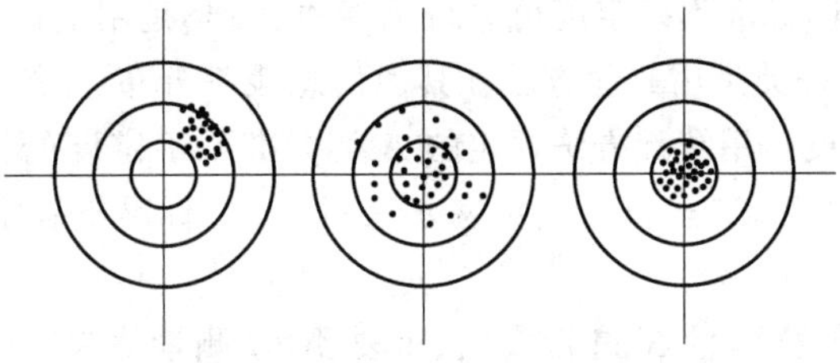

图 1-3-1　射击时弹着点

1.4　测量不确定度

1.4.1　不确定度的概念

1. 测量不确定度的定义

测量不确定度是指由于测量误差的存在而使测量值不能确定的程度，是测量结果含有的一个参数，用于表示测量值的分散性，它是被测物理量的真值以一定概率存在于某一范围内的一种评定。不确定度是通过置信区间和置信概率来表达的。一个完整的测量结果不仅要给出测量值的大小(即数值和单位)，同时还应给出它的不确定度，即用不确定度来表征测量结果的可信赖程度。所以，对于等精度的多次测量，测量结果应写成标准形式，即

$$X=\overline{x}\pm u(P=P_0),\quad u_r=\pm\frac{u}{\overline{x}}\times 100\% \tag{1-4-1}$$

式中，X 为测量值；$\overline{x}$ 为多次测量的算术平均值；u 为不确定度；u_r 为相对不确定度；P 为置信概率。

式(1-4-1)的含义是测量值 X 的真值落在区间[$\overline{x}-u$，$\overline{x}+u$]的概率为 P_0。

在相同的置信概率下，置信区间越小(即 u 越小)，测量质量就越高。对不同的要求，置信概率的取值可能不同，一般情况下，置信概率取 63.8%，95%，99%，99.7%等。1994 年，国家技术监督局建议，置信概率常取 95%，故当置信概率为 95%时，可不必注明 P 值。在物理实验中，常将置信概率取为 68.3%。

2. 测量不确定度与误差的关系

测量不确定度和误差是误差理论中的两个重要概念。它们的相同点：都是评价测量结果质量高低的重要指标，都可作为测量结果的精度评定参数。它们的区别：误差是测量值与真值的差，它以真值为中心，因此，误差是一个理想概念，一般不能准确知道，难以定量；而测量不确定度是以测量值的估计值为中心，反映人们对测量认识不足的程度，是可以定量评定的。另外，误差是客观存在的，不受外界因素的影响，不以人的认识程度而改变；而测量不确定度由人们经过分析和评定得到，因而与人们对被测物理量、影响量及测量过程的认识有关。两者的联系：标准误差是分析误差的基本手段，也是不确定度理论的基础，因此，从本质上说不确定度理论是在误差理论的基础上发展起来的，两者的基本分析和计算方法是相同的。用测量不确定度代替误差表示测量结果，易于理解、便于评定，具有合理性和实用性。

1.4.2 不确定度的两类分量

按照评定方法的不同，标准不确定度可以分为两类：一类是用统计方法评定的不确定度，称为A类标准不确定度；另一类是用其他方法和其他信息概率分布（非统计的方法）估计的不确定度，称为B类标准不确定度。用统计方法评定的A类标准不确定度的计算方法有多种，如贝塞尔法、最大偏差法、极差法等，这里只介绍贝塞尔法；而B类标准不确定度常采用估计的方法。

1. A类标准不确定度 $u_A(x)$

在同一条件下对同一物理量 X 进行多次、重复测量，测量值为 $x_1, x_2, x_3, \cdots, x_n$，其最佳值为算术平均值 $\overline{x}$，即

$$\overline{x} = \frac{1}{n}\sum_{i=1}^{n} x_i \tag{1-4-2}$$

x_i 的标准偏差 $S(x_i)$ 的估计采用贝塞尔公式，则有

$$S(x_i) = \sqrt{\frac{1}{n-1}\sum_{i=1}^{n}(x_i - \overline{x})^2} \tag{1-4-3}$$

算术平均值 $\overline{x}$ 的标准偏差 $S(\overline{x})$ 的最佳估计为

$$S(\overline{x}) = \frac{S(x_i)}{\sqrt{n}} \tag{1-4-4}$$

设A类标准不确定度为 $u_A(x)$，用统计的方法算出算术平均值的标准偏差为 $S_{\overline{x}}$，则不确定度的A类分量就取算术平均值的标准偏差，即

$$u_A(x) = S_{\overline{x}} = \sqrt{\frac{\sum_{i=1}^{n}(x_i - \overline{x})^2}{n(n-1)}} \tag{1-4-5}$$

按照误差理论的正态分布，若不存在其他影响，则测量值范围 $[\overline{x} - u_A(x), \overline{x} + u_A(x)]$ 中包含真值的概率为68.3%。

在特殊情况下，对被测物理量 X 只测量一次时，测量结果的A类标准不确定度为

$$u_A(x) = S(x) \tag{1-4-6}$$

式中，$S(x)$ 是在本次测量的“先前多次测量”（由操作人员本人、其他实验人员完成，或由生产厂家、检定单位完成）时得到的。当然，本次测量的测量条件与“先前多次测量”时的测量条件一致。

2. B类标准不确定度 $u_B(x)$

$u_B(x)$ 的估计值可采用：(1)以前测量数据所计算的不确定度；(2)对有关材料和仪器性能的了解所估计的不确定度；(3)厂商技术指标、检定证书、手册中所提供数据的不确定度。

评定B类标准不确定度有下述四种情况。

(1)B类标准不确定度分布是高斯分布或近似高斯分布。若检定证书上给出的不确定度估计边界范围（3倍标准差，即 3σ）为 $a_+ - a_- = 2a$，则B类标准不确定度为 $\frac{a}{3}$。

(2)测量值 x_i 落在不确定度估计边界范围 $a_+ - a_-$ 内的概率为1，落在该范围之外的概率为0。然而，对于 x_i 在该范围内的概率分布并不清楚，因此，只能假定 x_i 在 $[a_-, a_+]$ 区间上概率都相同，即所谓的均匀分布，此时B类标准不确定度为 $\frac{a}{\sqrt{3}}$。例如，用数字电压表测量未知电

压时估计的标准不确定度，游标卡尺、停表等的误差，安装调整不垂直、不水平、未对准等的误差，回程误差，频率误差，数值凑整误差等，都属于此类情况。

(3)在某些情况下，不确定度估计边界范围为 $a_+ - a_- = 2a$，虽对其分布没有确切了解，但可近似认为该范围中点处出现 x_i 值的概率最大，离中点越远，出现 x_i 的概率越小，且近似呈线性递减，在边界处概率几乎为 0，即所谓的三角分布，此时 B 类标准不确定度为 $\frac{a}{\sqrt{6}}$。

(4)在物理实验教学中，约定取仪器误差(或允许误差、示值误差)估算 B 类标准不确定度分量，$\Delta_{仪}$ 一般可视为均匀分布，即 $u_B(x)=\frac{\Delta_{仪}}{\sqrt{3}}$。这虽是一种简化处理方法，但在测量次数 $n>7$ 时，测量结果的置信概率仍近似为 68.3%。

所以，B 类标准不确定度为

$$u_B(x)=\frac{\Delta_{仪}}{\sqrt{3}} \tag{1-4-7}$$

一些常见仪器的仪器误差如表 1-4-1 所示。

表 1-4-1　一些常见仪器的仪器误差

仪器名称	仪器误差 $\Delta_{仪}$
米尺	0.5 mm
游标卡尺(20 分度、50 分度)	分度值(0.05 mm、0.02 mm)
螺旋测微器(千分尺)	0.04 mm 或 0.05 mm
分光计	分度值 (1′或 30″)
读数显微镜	0.005 mm
各类数字式仪表	仪表最小读数
计时器(1 s、0.1 s、0.01 s)	分度值(1 s、0.1 s、0.01 s)
物理天平(0.1 g)	0.05 g
电阻箱	$R_m \cdot \alpha\%$(α 为精度等级)
磁电式指针电表(0.1 级)	量程×0.1%
磁电式指针电表(0.5 级)	量程×0.5%
数字万用电表	$\alpha\% \cdot U_X + \beta\% \cdot U_m$(其中 U_X 表示测量值，即读数；U_m 表示满度值，即量程。α、β 对不同的测量功能有不同的数值。通常将 $\beta\% \cdot U_m$ 用“字数”表示，如“2 个字”)
其他仪器、量具	根据实际情况由实验室给出示值误差限

1.4.3　标准不确定度的合成与测量结果的表示

一般来说，A 类标准不确定度和 B 类标准不确定度相互独立，可用方和根的方法合成为

总不确定度 $u(x)$，即

$$u(x)=\sqrt{u_A^2(x)+u_B^2(x)}=\sqrt{S_{\bar{x}}^2+\left(\frac{\Delta_{仪}}{\sqrt{3}}\right)^2} \tag{1-4-8}$$

则被测物理量 X 的测量结果表示为

$$X=\bar{x}\pm u(x)(P=68.3\%),\quad u_r=\pm\frac{u(x)}{\bar{x}}\times 100\% \tag{1-4-9}$$

通常 $u(x)$ 保留一位有效数字，$\bar{x}$ 的位数与其对齐，u_r 保留两位有效数字。

1. 直接测量结果不确定度的估算

对于 A 类标准不确定度，主要讨论在多次等精度测量条件下，读数分布对应的不确定度，用贝塞尔公式计算。对于 B 类标准不确定度，主要讨论仪器的不准确性对应的不确定度，并直接利用仪器误差进行计算。然后将 A、B 两类标准不确定度求方和根，得到总不确定度。最后将测量结果写成标准形式。

多次等精度直接测量值不确定度的评定步骤可以概括为如下内容。

(1)修正测量结果中的可定系统误差。

(2)计算测量值的算术平均值 $\bar{x}$ 作为测量结果的最佳值。

(3)计算测量值的样本标准偏差 S_x。

(4)审查各测量值，若有误差超过 3 倍样本标准偏差的坏值，则予以剔除，剔除后再重复步骤(2)、(3)。

(5)将算术平均值的标准偏差 $S_{\bar{x}}$ 作为不确定度 A 类分量 $u_A(x)$。

(6)计算不确定度 B 类分量 $u_B(x)=\frac{\Delta_{仪}}{\sqrt{3}}$。

(7)求出总不确定度 $u(x)=\sqrt{u_A^2(x)+u_B^2(x)}=\sqrt{S_{\bar{x}}^2+\left(\frac{\Delta_{仪}}{\sqrt{3}}\right)^2}$。

(8)写出最终表示结果：$X=\bar{x}\pm u(x)(P=68.3\%)$，$u_r=\pm\frac{u(x)}{\bar{x}}\times 100\%$。

而对于单次测量的不确定度，其测量值即为测量结果中的测量值。单次测量的不确定度 $u(x)$ 没有统计分量，故只有不确定度 B 类分量 $u_B(x)$，应根据对仪器精度、测量方法、测量对象的分析，估计它的最大误差，其估计值一般不得小于仪器误差(极限误差)$\Delta_{仪}$，因此，单次测量的测量结果表示为

$$X=x\pm u(x)=x\pm u_B(x),\quad u_B(x)\approx\Delta_{仪},\quad u_r=\pm\frac{u_B(x)}{x}\times 100\% \tag{1-4-10}$$

估计单次测量的不确定度应注意以下几点。

(1)当不知道仪器的示值误差或基本误差时，可取仪器的分度值代替仪器误差。

(2)人眼能分辨的仪器刻度指示的变化量为 0.2 倍分度值(仪器的灵敏阈)，当仪器基本误差小于 0.2 倍分度值时，$\Delta_{仪}$ 取为 0.2 倍分度值。

(3)仪器误差 $\Delta_{仪}$ 有时需要根据实际情况估计。

2. 间接测量不确定度的估算

物理实验的结果一般都通过间接测量获得，而间接测量是以直接测量为基础的。直接测量值不可避免地有误差存在，显然，由直接测量值根据一定的函数关系，经过运算而获得的间

接测量值，必然也有误差存在。怎样来计算间接测量的误差呢？这实质上是要解决一个误差的传递问题，即求得估算间接测量值误差的公式，称为误差的传递公式。

设间接测量值 N 是 n 个独立的直接测量值 $A,B,C,\cdots,H$ 的函数，即

$$N=f(A,B,C,\cdots,H)$$

若各直接测量值 $A,B,C,\cdots,H$ 的不确定度分别为 $u(A),u(B),u(C),\cdots,u(H)$，则它们使间接测量值 N 也有相应的不确定度 $u(N)$。由于不确定度都是微小量，相当于数学中的增量，因此，间接测量的不确定度公式与数学中的全微分公式基本相同，即间接测量不确定度为

$$u(N)=\sqrt{\left(\frac{\partial f}{\partial A}\right)^2u^2(A)+\left(\frac{\partial f}{\partial B}\right)^2u^2(B)+\left(\frac{\partial f}{\partial C}\right)^2u^2(C)+\cdots+\left(\frac{\partial f}{\partial H}\right)^2u^2(H)} \quad (1\text{-}4\text{-}11)$$

如果先对函数表达式取对数，再求全微分，则可得

$$\frac{u(N)}{N}=\sqrt{\left[\frac{\partial \ln f}{\partial A}u(A)\right]^2+\left[\frac{\partial \ln f}{\partial B}u(B)\right]^2+\left[\frac{\partial \ln f}{\partial C}u(C)\right]^2+\cdots+\left[\frac{\partial \ln f}{\partial H}u(H)\right]^2} \quad (1\text{-}4\text{-}12)$$

当间接测量值 N 是各直接测量值 $A,B,C,\cdots,H$ 的和或差的函数时，用式(1-4-11)计算较为方便；当间接测量值 N 是各直接测量值 $A,B,C,\cdots,H$ 的积或商的函数时，用式(1-4-12)先计算 N 的相对不确定度 $u(N)/N$，然后再计算 $u(N)$ 比较方便。

在一些简单的测量问题中，若要求不需太精确，则可以用绝对值合成法，即

$$u(N)=\left|\frac{\partial f}{\partial A}u(A)\right|+\left|\frac{\partial f}{\partial B}u(B)\right|+\left|\frac{\partial f}{\partial C}u(C)\right|+\cdots+\left|\frac{\partial f}{\partial H}u(H)\right| \quad (1\text{-}4\text{-}13)$$

$$\frac{u(N)}{N}=\left|\frac{\partial \ln f}{\partial A}u(A)\right|+\left|\frac{\partial \ln f}{\partial B}u(B)\right|+\left|\frac{\partial \ln f}{\partial C}u(C)\right|+\cdots+\left|\frac{\partial \ln f}{\partial H}uH\right| \quad (1\text{-}4\text{-}14)$$

当然这种绝对值合成法所得结果一般偏大，与实际的不确定度合成情况可能也有较大出入。但因其计算比较简单，故在要求不高，做粗略计算时，往往可采用该方法。而在科学实验中，一般都采用方和根合成来计算间接测量结果的不确定度。常用函数的方和根合成公式与绝对值合成公式如表 1-4-2 所示。

表 1-4-2　常用函数的方和根合成公式与绝对值合成公式

函数表达式	方和根合成公式	绝对值合成公式
$N=X\pm Y$	$u(N)=\sqrt{u^2(x)+u^2(y)}$	$u(N)=u(x)+u(y)$
$N=AB,N=\frac{A}{B}$	$\frac{u(N)}{N}=\sqrt{\left[\frac{u(A)}{A}\right]^2+\left[\frac{u(B)}{B}\right]^2}$	$u(N)=\frac{u(A)}{A}+\frac{u(B)}{B}$
$N=kA$(k 为常数)	$u(N)=ku(A),\frac{u(N)}{N}=\frac{u(A)}{A}$	$u(N)=ku(A),\frac{u(N)}{N}=\frac{u(A)}{A}$
$N=A^n,n=1,2,\cdots$	$\frac{u(N)}{N}=n\frac{u(A)}{A}$	$\frac{u(N)}{N}=n\frac{u(A)}{A}$
$N=\sqrt[n]{A}$	$\frac{u(N)}{N}=n\frac{u(A)}{A}$	$\frac{u(N)}{N}=n\frac{u(A)}{A}$
$N=\sin A$	$u(N)=\lvert\cos A\rvert u(A)$	$u(N)=\lvert\cos A\rvert u(A)$
$N=\ln x$	$u(N)=\frac{u(A)}{A}$	$u(N)=\frac{u(A)}{A}$

间接测量值不确定度评定的步骤可以概括为如下内容。

(1)按照直接测量值不确定度评定步骤求出各直接测量值的不确定度 $u(A)$,$u(B)$,$u(C)$,…。

(2)求出间接测量值的最佳值 $\overline{N}=f(\overline{A},\overline{B},\overline{C},\cdots)$。在直接测量值中,以算术平均值 $\overline{A}$,$\overline{B}$,$\overline{C}$,…作为最佳值;在间接测量中,可以证明$\overline{N}=f(\overline{A},\overline{B},\overline{C},\cdots)$为间接测量值的最佳值,即间接测量值的最佳值由各直接测量值的最佳值(算术平均值)代入函数表达式而求得。

(3)用不确定合成公式,分别求出的不确定度 $u(N)$和相对不确定度$\frac{u(N)}{N}$。

(4)写出最后测量结果的表示式,即

$$\begin{cases} N=\overline{N}\pm u(N) \\ u_r=\dfrac{u(N)}{N}\times 100\% \end{cases} \quad (P=68.3\%)$$

1.5 有效数字及其运算规则

1.5.1 有效数字的概念

任何一个物理量,由于其测量结果都包含误差,因此,该物理量数值的尾数不应该任意取舍。测量结果只写到开始有误差的一位或两位数字,以后的数字按“四舍六入五凑偶”的法则取舍。“五凑偶”是指对 5 进行取舍的法则,如果 5 的前一位是奇数,则进一,使有误差的末位为偶数;若 5 的前一位是偶数,则将 5 舍去。将测量结果中可靠的几位数字加上有误差的一到两位数字称为测量结果的有效数字。或者说,有效数字中最后一到两位数字是不确定的。可见,有效数字是表示不确定度的一种粗略方法,而不确定度则是对有效数字中最后一到两位数字不确定程度的定量描述,它们都是含有误差的测量结果。

有效数字的位数与小数点的位置无关。例如,1.23 与 123 都是 3 位有效数字。

关于 0 是不是有效数字,可以这样来判别:从左往右数,以第一个不为 0 的数字为起点,它左边的 0 不是有效数字,它右边的 0 是有效数字。例如,0.012 3 是 3 位有效数字,而 0.012 30 是 4 位有效数字。作为有效数字的 0,不可以省略不写。例如,不能将 1.350 0 cm 写作 1.35 cm,因为它们的准确程度是不同的。

有效数字位数的多少,大致反映相对误差的大小。若有效数字越多,则相对误差越小,测量结果的精确度越高。

1.5.2 数值的书写规则

测量结果的有效数字位数由不确定度来确定。由于不确定度本身只是一个估计值,因此,一般情况下,不确定度的有效数字位数只取一到两位。测量值的末位应与不确定度的末位取齐。在初学阶段,可以认为有效数字只有最后一位是不确定的。相应地,不确定度也只取一位有效数字,如 $L=(1.00\pm0.02)$ cm。一次直接测量结果的有效数字,由仪器极限误差或估计的不确定度来确定;多次直接测量算术平均值的有效数字,也由仪器极限误差或估计的不确定度来确定；而间接测量结果的有效数字，则是先算出结果的不确定度，再由不确定度来确定。

当数值很大或很小时，用科学记数法表示。例如，某年我国人口约为七亿五千万，极限误差为两千万，应写作$(7.5\pm0.2)\times10^4$ 万，其中 7.5 ± 0.2 表示有效数字和不确定度，10^4 万表示单位；又如，$(0.000\ 623\pm0.000\ 003)$ m 写作$(6.23\pm0.03)\times10^{-4}$ m。在进行单位换算时，应采用科学记数法，才不会使有效数字的位数有所增减。例如，3.8 km$=3.8\times10^3$ m，不能写成 3 800 m；5 893 Å $=5.893\times10^{-7}$ m。

1.5.3　有效数字的运算规则

数值运算是件重要的工作，为了使求得的测量结果既能保持原有的精确度，又能避免不必要的有效数字位数的过多运算，有效数字的运算必须按一定规则进行。

(1)诸数相加减，其结果在小数点后所应保留的位数与诸数中小数点后位数最少的一个相同。

例如

$$13.65+1.622\ 0=15.27$$

$$16.6-8.35=8.2$$

(2)诸数相乘除，其结果的有效数字位数与诸数中有效数字位数最少的一个相同。

例如

$$24\ 320\times0.341=8.29\times10^3$$

$$85\ 425\div125=683$$

(3)乘方与开方的有效数字位数与其底数的有效数字位数相同。

(4)对于一般函数运算，将函数的自变量末位变化 1 个单位，运算结果产生差异的最高位就是应保留的有效数字位数的最后一位。

例如

$$\sin 30°2'=0.500\ 503\ 748$$

$$\sin 30°3'=0.500\ 755\ 559$$

两者差异出现在第 4 位上，故 $\sin 30°2'=0.500\ 5$。这是一种有效而直观的方法。严格地说，应该通过求微分的方法来确定函数的有效数字位数。

(5)常数 π、e 等在运算中一般可比测量值多取一位有效数字。

有效数字位数的多少决定于测量仪器，而不决定于运算过程。因此，选择计算工具时，应使其所给出的位数不少于应有的有效数字位数，否则将使测量结果的精确度降低，这是不允许的；相反，通过计算工具随意扩大测量结果的有效数字位数也是错误的，不要认为算出结果的位数越多越好。

1.6　数据处理的基本方法

数据处理是指通过对数据的整理、分析和归纳计算而得到实验结果的加工过程。数据处理的方法较多，根据不同的实验内容及要求，可采用不同的方法。本节只介绍物理实验中常用的几种数据处理方法。

1.6.1　列表法

在记录实验数据时，需将数据列成表格。这样既可以简明地表示出有关物理量之间的关系，分析和发现数据的规律性，也有助于检验和发现实验中的问题。

列表要求如下。

(1)列表要简单明了,便于看出相关量之间的关系,便于数据处理。

(2)必须交代清楚表中各符号所代表物理量的意义,并写明单位。单位应写在标题栏里,不要重复记在各数值上。

(3)表中的数据要正确反映测量值的有效数字。

下面以测定金属电阻的温度系数为例,将数据列于表 1-6-1 中。

表 1-6-1　测定金属电阻的温度系数

序号	温度 t/℃	电阻 R/Ω	序号	温度 t/℃	电阻 R/Ω
1	10.5	10.42	4	60.0	11.80
2	29.4	10.92	5	75.0	12.24
3	42.7	11.32	6	91.0	12.67

1.6.2　作图法

作图法是将一系列实验数据之间的关系或其变化情况用图线直观地表示出来,也是物理实验中处理数据的常用方法。依据作图法可以研究物理量之间的变化关系,找出其中的规律,确定对应物理量的函数关系以求取经验公式。用作图法处理数据的优点是直观、简便,并且作出的图线对多次测量有取平均值的效果。

1. 作图要求

(1)选用合适的坐标纸。坐标纸有直角坐标纸(毫米方格纸)、对数坐标纸和极坐标纸等几种,可根据数据处理的需要,选用坐标纸的种类和大小。

(2)画坐标轴。一般横轴代表自变量,纵轴代表因变量。在坐标纸上画两条粗细适当、有一定方向的线表示纵轴和横轴,在轴的末端近旁标明所代表的物理量及其单位。

(3)坐标轴的比例与标度。为避免图纸上出现大片空白,而图线却偏于图纸一角,在作图时应根据测量结果来合理选取两坐标轴的比例和坐标的起点。标度的选择应使图线显示其特点,标度应划分得当,以不用计算就能直接读出图线上每一点的坐标为宜,故通常用 1、2、5 为标度,而不选用 3、7、9。两坐标轴的标度可以不同,坐标的起点在需要时也可以不从 0 开始。对于特大、特小数值,可提出乘积因子,如提出 $\times 10^{3}$、$\times 10^{-2}$ 等写在坐标轴物理量单位符号前面。

坐标标度值有效数字的原则:数据中的可靠数字在图形中也是可靠的,数据中有误差的一位,即不确定度所在位,在图形中应是估读的。

(4)标出数据的坐标点。测量数据点用削尖的铅笔在坐标纸上以符号"+"标记,并使交叉点正好落在实验数据对应的坐标上。若同一图形上需画几条图线时,则每条线上的数据点可采用不同的标记符号(如"×""⊙"等)以示区别。

(5)描绘图线。描绘图线时要用直尺或曲线板等作图工具,根据不同情况把点连成直线或光滑曲线,连线要细而清晰。由于测量存在不确定度,因此,图线并不一定通过所有的点,而要求数据点均匀地分布在图线两旁。如果个别数据点偏差太大,则应仔细分析后决定取舍或重新测定。用于对仪表进行校准所使用的校准曲线,要通过校准点连成折线。

(6)标注图名。作好实验图线后,应在图纸的适当位置标明图线的名称,必要时在图名下方注明简要的实验条件。

2. 作图法求直线的斜率和截距

用作图法处理数据时,一些物理量之间为线性关系,其图线为直线,通过求直线的斜率和截距,可以方便地求得相关的间接测量物理量。

(1)直线斜率的求法。若图线类型为直线方程 $y=a+bx$,则可在图线上任取两相距较远的点 $P_1(x_1,y_1)$和 $P_2(x_2,y_2)$,其中坐标最好为整数,以减小误差(注意不得用原始实验数据点,必须从图线上重新读取)。

可用一些特殊符号(如△)标定所取点 P_1 和 P_2,以区别原始实验数据点。

由两点式公式求出该直线的斜率,即

$$b=\frac{y_2-y_1}{x_2-x_1} \tag{1-6-1}$$

(2)直线截距的求法。一般情况下,图线与纵轴交点的纵坐标 y 即为截距(即 $x=0,y=a$),或者在图线上再取一点 $P_3(x_3,y_3)$,利用点斜式公式求得截距,即

$$a=y_3-\frac{y_2-y_1}{x_2-x_1}x_3 \tag{1-6-2}$$

利用描点法作图求斜率和截距仅是粗略的方法,严格的方法应该用线性拟合最小二乘法,该方法将在 1.6.4 节做介绍。

例 1-6-1 根据表 1-6-1 所列的实验数据,试利用作图法求金属电阻的温度系数。

解 根据作图要求作出 R-t 曲线,如图 1-6-1 所示。

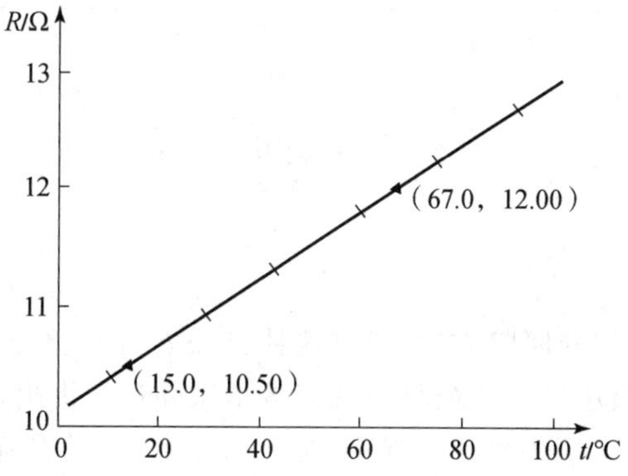

图 1-6-1 *R-t* 曲线

从图 1-6-1 中可见函数关系是线性的,设

$$R_t=R_0+R_0\alpha t=R_0+kt。$$

式中,R_t 为任意温度 t 时的电阻值;截距 R_0 为 0 ℃时的电阻值;α 为电阻的温度系数;$k=R_0\alpha$ 为该直线的斜率。

延长该图线,可得 $t=0$ ℃时,$R_0=10.08\ \Omega$。在直线上取两点 $P_1(15.0,10.50)$,$P_2(67.0,12.00)$,可得直线的斜率为

$$k=\frac{R_2-R_1}{t_1-t_2}=\frac{12.00-10.50}{67.0-15.0}\ \Omega/℃=0.028\ 8\ \Omega/℃ \tag{1-6-3}$$

则金属电阻的温度系数为

$$\alpha=\frac{k}{R_0}=\frac{0.028\ 8}{10.08}\ ℃^{-1}=2.86\times10^{-3}\ ℃^{-1} \tag{1-6-4}$$

1.6.3 逐差法

两个变量之间的函数关系可表达为多项式形式，且在自变量为等间距变化的情况下，常用逐差法处理数据，其优点是能充分利用测量数据求得所需要的物理量。

对于一次函数形式，可用逐差法求因变量变化的平均值，具体做法是将测量值分成前、后两组，将对应项分别相减，然后取平均值求得结果。举例说明如下。

已知弹簧的伸长量 x 与所加砝码质量 m 之间满足线性关系 $mg=kx$，其中 k 为弹簧的刚度系数。设弹簧悬挂在装有竖直标尺的支架上，记下弹簧下端点读数 x_0，然后依次在弹簧下端加上 1 kg，2 kg，…，9 kg 砝码，分别记下对应的弹簧下端点读数 $x_1, x_2, \cdots, x_9$。根据求平均值定义，每增加 1 kg，弹簧伸长的平均值为

$$\overline{\Delta x_i}=\frac{\sum_{i=1}^{n}\Delta x_i}{n}=\frac{(x_1-x_0)+(x_2-x_1)+\cdots+(x_9-x_8)}{9} \tag{1-6-5}$$

式中，中间所测得的数据全部抵消，只有始末两个数据起作用，这与一次增加 9 kg 的单次测量是等价的。为了保持多次测量的优点，改用多项间隔逐差，即将数据按次序先后分为前组（x_0，x_1, x_2, x_3, x_4）和后组（x_5, x_6, x_7, x_8, x_9），然后两组数据对应相减，得每隔 5 项差值的平均值（对应砝码增重 5 kg，弹簧伸长量的平均值）为

$$\overline{\Delta x_5}=\frac{(x_5-x_0)+(x_6-x_1)+(x_7-x_2)+(x_8-x_3)+(x_9-x_4)}{5} \tag{1-6-6}$$

于是可求得刚度系数为

$$k=\frac{5mg}{\overline{\Delta x_5}} \tag{1-6-7}$$

1.6.4 最小二乘法

最小二乘法是一种常用的回归方法，通过这种方法能对实验数据进行比较精确的曲线拟合，以求出其经验方程。最小二乘法最早由法国数学家勒让德提出，他认为令误差平方和为最小的函数就是真值。最小二乘法的统计判断：对等精度测量，若存在一条最佳拟合曲线，则各测量值与这条曲线上对应点之差的平方和应为最小值。实验曲线的拟合分为两类，一是已知函数 $y=f(x)$ 的形式，要确定其中未定参量的最佳值；二是要先确定函数 $y=f(x)$ 的具体形式，即确定表示函数关系的经验公式，然后再确定其中参量的最佳值。在物理实验中大多属于第一类，因此下面仅介绍由已知函数关系来确定未知参量最佳值的方法。

设已知函数的形式为

$$y=b_0+b_1x \tag{1-6-8}$$

式中，自变量只有 x，故称为一元线性回归。实验得到一组数据为 $x=x_1, x_2, x_3, \cdots, x_k$，$y=y_1, y_2, y_3, \cdots, y_k$。

如果实验没有误差，把(x_1,y_1)，(x_2,y_2)，…，(x_k,y_k)代入式(1-6-8)时，方程左右两端应相等。但测量总存在误差，可将这些误差归结为 y 的测量偏差，并记为 $\varepsilon_1,\varepsilon_2,\cdots,\varepsilon_k$，如图 1-6-2 所示。

这样式(1-6-8)就应改写为

$$\begin{cases} y_1-b_0-b_1x_1=\varepsilon_1 \\ y_2-b_0-b_1x_2=\varepsilon_2 \\ \cdots\cdots\cdots\cdots \\ y_k-b_0-b_1x_k=\varepsilon_k \end{cases} \tag{1-6-9}$$

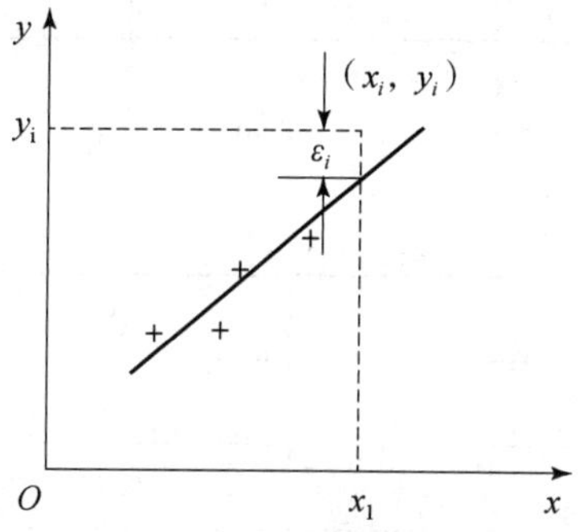

图 1-6-2　y 的测量偏差

可利用式(1-6-9)来确定参数 b_0 和 b_1，同时希望总偏差 ε 最小。根据误差理论可以推断：要满足以上要求，必须使各偏差的平方和最小，即 $\sum_{i=1}^{k}\varepsilon_i^2$ 最小。把式(1-6-9)中各式的平方相加，可得

$$\sum_{i=1}^{k}\varepsilon_i^2=\sum_{i=1}^{k}(y_i-b_0-b_1x_i)^2 \tag{1-6-10}$$

为求 $\sum_{i=1}^{k}\varepsilon_i^2$ 的最小值，只需对式(1-6-10)中的 b_0 和 b_1 分别求偏微商。

(1)回归直线的斜率和截距的最佳估计值。求解公式为

$$b_1=\frac{\overline{xy}-\overline{x}\cdot\overline{y}}{\overline{x^2}-\overline{x}^2},\quad b_0=\overline{y}-b_1\overline{x} \tag{1-6-11}$$

(2)各参量的标准误差。

测量值偏差的标准误差为

$$\sigma_y=\sqrt{\frac{\sum_{i=1}^{k}\varepsilon_i^2}{k-n}} \tag{1-6-12}$$

式中，k 为测量次数；n 为未知量个数。

b_0 和 b_1 的标准误差满足

$$\sigma_{b_0}=\sqrt{\overline{x^2}}\sigma_{b_1} \tag{1-6-13}$$

(3)检验。

在待定参量确定后，还要计算相关系数 γ。对于一元线性回归，γ 定义为

$$\gamma=\frac{\overline{xy}-\overline{x}\,\overline{y}}{\sqrt{(\overline{x^2}-\overline{x}^2)(\overline{y^2}-\overline{y}^2)}} \tag{1-6-14}$$

γ 值总是在 0 与 ±1 之间。γ 值越接近于 1，说明实验数据分布密集，越符合求得的直线。

例 1-6-2　根据测量结果，推测某物理量 y 与另一物理量 x 成正比，即

$$y=b_1x+b_0 \tag{1-6-15}$$

式中，b_1 为比例常数；b_0 为截距。测量数据如表 1-6-2 所示，试用最小二乘法作直线拟合求出 y。

表 1-6-2 测量数据

x_i	0	1	2	3	4	5
y_i	0	0.780	1.576	2.332	3.082	3.898

解 数据处理如表 1-6-3 所示

表 1-6-3 数据处理

x_i	y_i	x_iy_i	x_i^2	y_i^2
0	0	0	0	0
1	0.780	0.780	1	0.608
2	1.576	3.152	4	2.484
3	2.332	6.996	9	5.438
4	3.082	12.328	16	9.499
5	3.898	19.490	25	15.194
$\sum_{i=1}^{6} x_i = 15$	$\sum_{i=1}^{6} y_i = 11.668$	$\sum_{i=1}^{6} x_iy_i = 42.746$	$\sum_{i=1}^{6} x_i^2 = 55$	$\sum_{i=1}^{6} y_i^2 = 33.223$

$$b_1=\frac{\overline{xy}-\overline{x}\,\overline{y}}{\overline{x^2}-\overline{x}^2}=\frac{\frac{1}{6}\times 42.746-\frac{1}{6}\times 15\times\frac{1}{6}\times 11.668}{\frac{1}{6}\times 55-\left(\frac{1}{6}\times 15\right)^2}=0.775\ 8$$

$$b_0=\overline{y}-b_1\overline{x}=\frac{1}{6}\times 11.668-0.775\ 8\times\frac{1}{6}\times 15=0.005\ 2$$

$$\gamma=\frac{\overline{xy}-\overline{x}\,\overline{y}}{\sqrt{(\overline{x^2}-\overline{x}^2)(\overline{y^2}-\overline{y}^2)}}=\frac{\frac{1}{6}\times 42.746-\frac{1}{6}\times 15\times\frac{1}{6}\times 11.668}{\sqrt{\left[\frac{1}{6}\times 55-\left(\frac{1}{6}\times 15\right)^2\right]\left[\frac{1}{6}\times 33.223-\left(\frac{1}{6}\times 11.668\right)^2\right]}}$$

$$=0.999\ 4$$

以上结果表明，y 确实与 x 呈线性关系，其直线方程为

$$y=0.775\ 8x+0.005\ 2$$

第2章　力学实验

本章介绍了8个力学实验，实验1为长度的测量，实验2为流体静力称衡法测密度，实验3为拉伸法测杨氏模量，实验4为单摆法测重力加速度，实验5为自由落体法测重力加速度，实验6为气垫导轨法验证牛顿第二定律，实验7为三线摆法测刚体转动惯量，实验8为驻波法测声速。其中，理工科非物理专业必做实验为实验1至实验4，物理专业必做实验为实验1至实验8。

实验1　长度的测量

一、实验目的

(1)熟悉卷尺、游标卡尺、螺旋测微器的结构、原理，并掌握其使用方法。

(2)掌握有效数字和误差的概念及计算方法。

二、实验仪器

本实验所用仪器包括卷尺、游标卡尺、螺旋测微器、金属球、长方体金属块。

三、实验原理

当需要测量物体的长度时，通常会使用卷尺、游标卡尺或螺旋测微器这样的工具。卷尺可以测量较大范围的长度，而螺旋测微器更适用于更高精度的测量。在使用这些工具时，应注意将其正确夹紧在被测物体上，并确保零刻度对齐。通过观察主刻度和辅助刻度来读取测量值，同时要注意避免视角偏差。这些工具的正确使用可以确保测量结果的准确性，对于工程、制造和科学实验等领域来说至关重要。

1. 卷尺

卷尺是一种常用的测量工具，主要用于测量长度和距离。以下是卷尺的使用步骤。

(1)准备卷尺。确保卷尺处于可用状态，检查卷尺的开关按键是否关闭，如果关闭，则打开，以便可以拉动卷尺。

(2)拉动卷尺。使尺带的一端固定，然后拉动卷尺，直到卷尺紧贴测量目标。注意不要过度拉伸或弯曲卷尺，以免影响测量的准确性。

(3)保持卷尺平直。在测量过程中，尽量保持卷尺平直，确保其紧贴被测物体，避免在阳光直射下测量而产生视觉误差。

(4)读取刻度。在拉动卷尺的同时，观察卷尺上的刻度以确定测量结果。视线应与卷尺上的刻度保持垂直，以保证正确读取数值。注意卷尺的刻度通常以mm为单位标记，每个小格的长度通常为 1 mm。读数时应估读一位小数(以 mm 为单位)。如图 2-1-1 所示,卷尺读数应为 15.2 mm。

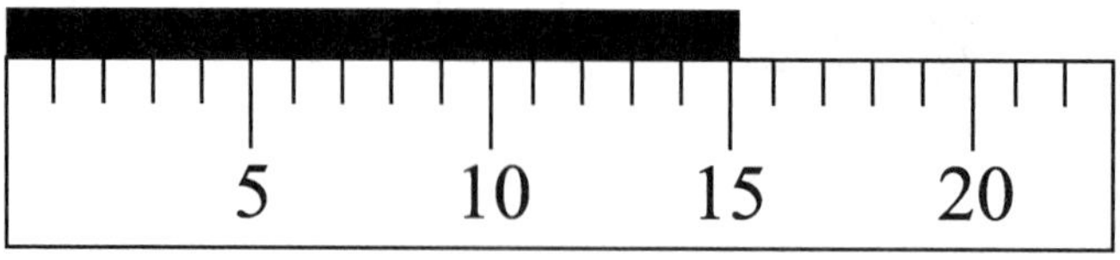

图 2-1-1　卷尺读数示例

(5)记录数据。将测量结果记录在纸上或其他记录设备上,如果需要,则可多人合作进行测量。

(6)收回卷尺。完成测量后,关闭卷尺的开关,轻轻收回卷尺,并确保将其放回原处。

此外,在使用卷尺时,还需注意以下几点。

①被测量工件的起始端部应无毛边,以保证测量的精度。

②尺带表面不得有锈迹和明显的斑点、划痕,线纹应十分清晰。

③检查卷尺的各个部位,拉出和收入卷尺时,应轻便、灵活、无卡住现象。

④尺带只能卷不能折,使用卷尺时,拉出尺带不得用力过猛,应缓慢拉出,用完后也应让它缓慢退回。

2. 游标卡尺

普通的长度测量工具存在一些限制,主要原因是它们的分度值相对较大。例如,卷尺通常的分度值为 1 mm,这意味着无法进行更精细的测量。如果分度值再小,则刻度线就会过于密集,难以准确读数。为了解决这个问题,人们设计了一种新型的测量工具——游标卡尺。游标卡尺在主尺上安装了一个带有刻度的游标(又称副尺),并且可以沿主尺滑动,这样就可以实现更精确的测量,提高了测量的准确度。

游标卡尺由主尺和游标组成,如图 2-1-2 所示。主尺上有钳口 A 和刀口 A′,游标上有钳口 B、刀口 B′和尾尺 C。游标可以沿着主尺滑动,并通过螺钉 F 固定。当钳口 A、B 接触时,刀口 A′、B′与尾尺 C 和主尺尾部对齐,游标上的零刻度线与主尺上的零刻度线重合。

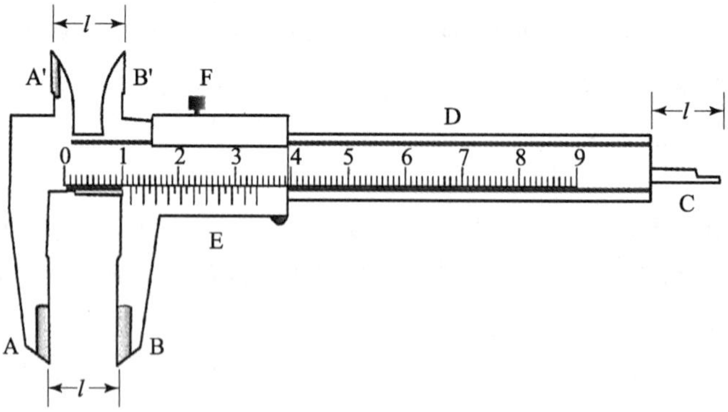

图 2-1-2　游标卡尺

使用钳口 A、B 测量物体的长度和外径,使用刀口 A′、B′测量物体的内径,使用尾尺 C 测量物体的深度。测量时,游标上的零刻度线到主尺上的零刻度线之间的距离即为所测物体的长度。

游标卡尺有多种型号和规格，但它们的基本原理和读数方法都是一样的。一般情况下，游标上刻有 m 个小刻度，而主尺上刻有 $m-1$ 个小刻度，它们的总长度相等。用 y 表示主尺上最小刻度的长度，x 表示游标上每个小刻度的长度，则有

$$(m-1)y=mx \tag{2-1-1}$$

主尺上每个分格长度与游标上每个分格长度之间的差值为一个小分度(通常称为游移量)。在标准的游标卡尺中，差值通常等于主尺上最小刻度长度减去游标上每个小刻度长度，因此，差值可以表示为

差值＝主尺上最小刻度长度－游标上每个小刻度长度

即

$$y-x=\frac{y}{m} \tag{2-1-2}$$

当游标卡尺的分度值减小时，它的测量精度就会提高。这是因为分度值是通过主尺上最小刻度长度与游标上每个小刻度长度之间的差值确定的。通常情况下，主尺上最小刻度长度为 1 mm。因此，随着游标上的分格数增加，每个小刻度的长度会减小，导致游标卡尺的分度值也减小。

常用的游标卡尺的分度值有 0.1 mm、0.05 mm、0.02 mm 三种。若 $y=1$ mm，$m=10$，则 $\frac{y}{m}=0.1$ mm；若 $y=1$ mm，$m=20$，则 $\frac{y}{m}=0.05$ mm；若 $y=1$，$m=50$，则 $\frac{y}{m}=0.02$ mm。

在使用游标卡尺测量物体长度时，首先将物体夹在钳口之间，然后向右移动游标，直到游标上的零刻度线与主尺上的某一位置对齐。这样，可以直接从主尺上读取被测物体长度的整数部分(以 mm 为单位)。而物体长度的小数部分 Δl 需要从副尺上读取。如果游标的第 n 条刻度线与主尺上的某一刻度线对齐，则

$$\Delta l=ny-nx=n(y-x)=n\frac{y}{m} \tag{2-1-3}$$

物体的长度为

$$l=l_0+\Delta l=l_0+n\frac{y}{m} \tag{2-1-4}$$

例如，如图 2-1-3 所示，$l_0=16$ mm，$n=13$，$m=50$，$y=1$ mm，$\frac{y}{m}=0.02$ mm，则

$$l=l_0+n\frac{y}{m}=16\text{ mm}+13\times0.02\text{ mm}=16.26\text{ mm}$$

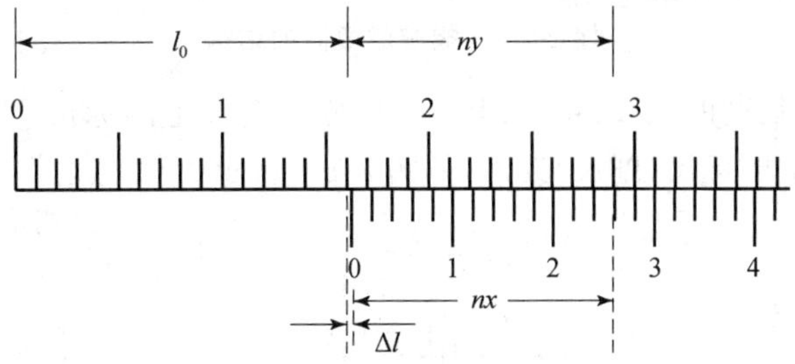

图 2-1-3　游标卡尺读数示例

在实际测量中，还可以根据游标的刻度直接读取长度。以 50 分度值的游标卡尺为例，游标上每 5 个小刻度标有一个数字。当标有数字 1 的刻度线与主尺上的某一刻度线对齐时，游标的读数为 0.10 mm；若再向右移动游标，使得下一个刻度线与主尺上的某一刻度线对齐，则

游标的读数为 0.12 mm,以此类推。利用这种方法,游标可以直接显示出长度值,例如图 2-1-3 中所示,游标可直接读出 0.26 mm。

使用游标卡尺时应注意如下几点。

(1)在开始测量前,要确保游标卡尺的钳口已经合拢,并检查游标上的零刻度线是否与主尺上的零刻度线对齐。如果它们不对齐,则意味着存在零点误差,需要记录下零点读数。在这种情况下,测量值可以通过未经零点修正的读数值减去零点读数来获得。零点读数可能是正数也可能是负数,取决于游标零刻度线在主尺零刻度线的右侧还是左侧。

(2)推动游标时应该轻柔,避免过度用力,以免损坏仪器。当游标卡尺接触到被测物体时,应该保持适当的松紧度,不要过紧或过松,以确保准确地测量结果。此外,在卡住物体后移动物体会增加卡口受损的风险,因此,应该在测量之前就确保游标卡尺已经正确放置并保持静止。

(3)游标卡尺使用完毕后,应使钳口留有一定间隙,确保不会相互挤压,以免损坏。将游标卡尺放入其原本的包装盒内是一个良好的做法,可以保护它免受灰尘、湿气和其他潜在的损害。在存放时,避免将游标卡尺随意放在桌面上,尤其是避免放在潮湿的环境中,以防止腐蚀和损坏。正确的存放和保养可以延长游标卡尺的使用寿命,并确保其准确性。

3. 螺旋测微器

螺旋测微器,又称千分尺,是一种高精度的长度测量工具,通常用于测量小球、金属丝等细小物体的直径或平板的厚度。它的测量范围一般为 0～25 mm,分度值为 0.01 mm。

螺旋测微器的结构如图 2-1-4 所示,其中测砧(A)固定在底部,测微螺杆(F)的螺距为 0.5 mm,其后端连接着活动套管(E)和棘轮(D)。每当活动套管旋转一周,测微螺杆就会沿轴线方向移动一个螺距(0.5 mm)。这一移动距离在固定套管上显示为一个分格。活动套管的周边刻有 50 个等分刻度,每旋转一个刻度,螺杆就会移动一个分度值,即 0.01 mm。因此,螺旋测微器可以精确地读取到 0.01 mm,甚至可以估读到 0.001 mm。

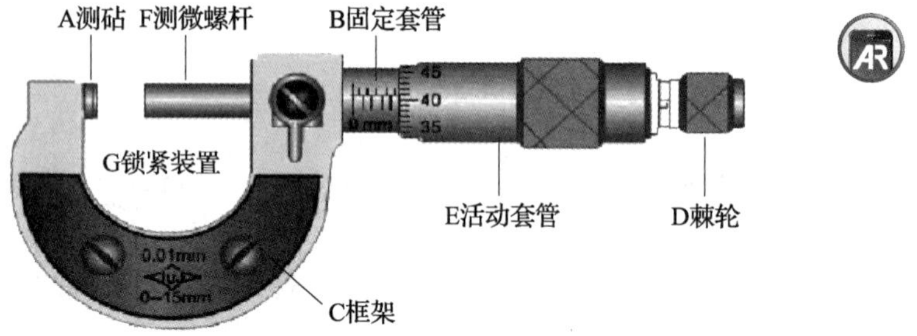

图 2-1-4　螺旋测微器的结构

读数时,被测物体长度的 0.5 mm 以上部分由固定套管上的标尺(主尺)读出,0.5 mm 以下部分则由活动套管上的标尺(副尺)读出,如图 2-1-5 所示。

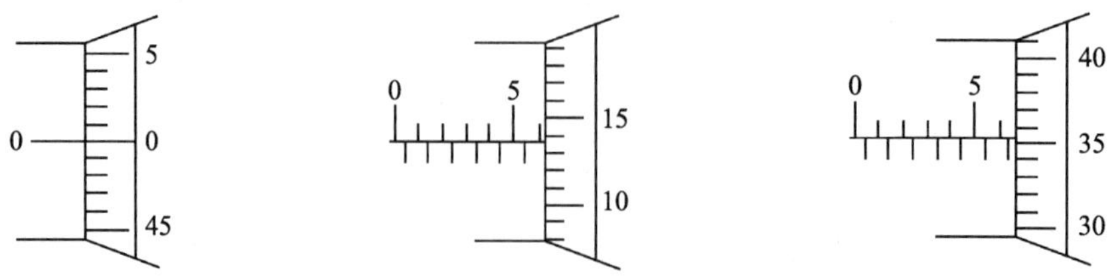

(a) 读数为0.000 mm　(b) 读数为6.136 mm　(c) 读数为6.852 mm

图 2-1-5　螺旋测微器读数示例

使用螺旋测微器时应注意如下几点。

(1)螺旋测微器常存在零点误差,所以在进行测量之前,需要先记录下零点读数,以便后续对测量结果进行零点校正。

具体的步骤如下:首先,轻轻旋转棘轮直到听到"咔咔"声,这表示测微螺杆已经和测砧相接触;然后,检查主尺零刻度线和副尺零刻度线是否对齐,如果它们没有对齐,则需要记录下它们之间的差值,这个差值就是零点读数。

在进行实际测量时,需要对测量结果进行修正,修正公式是:测量值=未经零点修正的读数值−零点读数。零点读数可以是正值也可以是负值,具体取决于副尺零刻度线是在主尺零刻度线上方还是下方。如果副尺零刻度线在主尺零刻度线下方,则零点读数取正值,反之取负值。

(2)在记录零点和夹紧被测物体进行测量时,为了避免夹得太紧而影响测量结果或损坏仪器,应该采取一些小技巧。当测微螺杆接近被测物体时,不要直接旋转活动套管,而是轻轻转动棘轮,只要听到"咔咔"声,就可以开始读数了。通过设置棘轮,可以确保每次测量时施加在被测物体上的压力是一致的,从而保证测量条件的一致性。

(3)完成测量后,应该在测砧与测微螺杆之间留下一些空隙,这样可以避免由于热膨胀而对螺旋测微器造成损坏。

四、实验步骤

(1)了解卷尺、游标卡尺和螺旋测微器的构造、读数原理及使用方法。

(2)练习使用卷尺测量实验桌的长、宽、高各 3 次,然后分别取平均值。

(3)对于测量金属球体积的实验,首先使用螺旋测微器测量金属球的直径 d,并在不同位置各进行 3 次测量;然后求取直径的平均值,并利用平均值计算金属球的体积 V,将实验数据填入表 2-1-1 中;最后,根据标准形式给出测量结果,包括体积 V 的值、测量误差及不确定度。

(4)对于测量长方体金属块体积的实验,用游标卡尺测量长方体的长、宽和高,每个位置各进行 3 次测量;然后求取长、宽和高的平均值,并利用这些平均值计算长方体的体积 V;最后,根据标准形式给出测量结果,包括体积 V 的值、测量误差及不确定度。

五、数据处理

(1)测量实验桌的尺寸(列表或者列数据)。

(2)测量金属球体积。

螺旋测微器分度值:__________;零点读数:__________。

表 2-1-1　测量金属球体积实验数据

项目	测量次数		
	1	2	3
直径 d/mm			
平均值 d/mm			

①根据金属球体积公式 $V=\frac{1}{6}\pi d^3$，计算其体积。

②求出直径的不确定度，并根据不确定度的传递关系，计算出金属球体积的不确定度。

(3)测量长方体金属块的体积。

参考测量金属球体积的方法记录和分析实验数据。

实验 2　流体静力称衡法测密度

一、实验目的

(1)学习使用流体静力称衡法测量不规则物体及液体的密度。

(2)掌握物理天平的使用方法。

二、实验仪器

本实验所用仪器包括物理天平、砝码、铝卷条、食盐水、长方体铝块、游标卡尺。

三、实验原理

(1)若物体的形状规则，则可先测出物体的体积 V 及质量 m，由 $\rho=m/V$ 求得物体的密度。

(2)若物体为不规则形状，则将被测物体分别放在空气中和水中称衡，如图 2-2-1 所示，得到其称量值为 m_1、m_2，则物体在水中受到的浮力为

$$F=(m_1-m_2)g \tag{2-2-1}$$

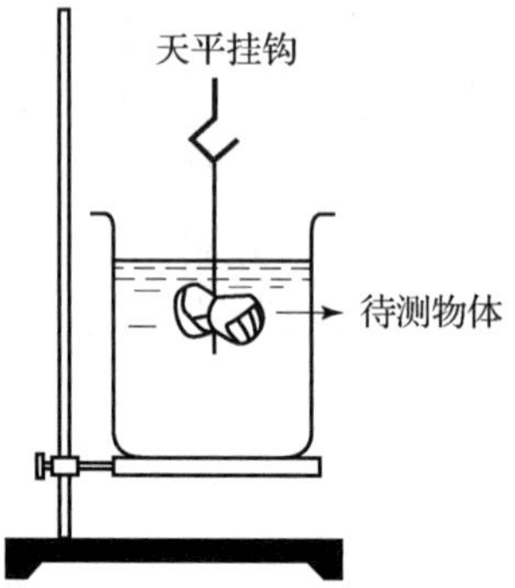

图 2-2-1　流体静力称衡法示意图

根据阿基米德原理，浸在水中的物体要受到向上的浮力

$$F=\rho_0 Vg$$

式中，ρ_0 为水的密度；V 为物体的体积；g 为重力加速度。可得物体的密度为

$$\rho=\frac{m_1}{m_1-m_2}\rho_0 \tag{2-2-2}$$

(3)若被测物体是液体，则依次在空气中、水中和被测液体中称衡此物体，设相应的称量值分别为 m_1、m_2 和 m_3，则被测液体的密度为

$$\rho=\frac{m_1-m_3}{m_1-m_2}\rho_0 \tag{2-2-3}$$

四、实验步骤

（1）测量长方体铝块的密度。将物理天平调平，用物理天平测量长方体铝块的质量，用游标卡尺分别测出长方体铝块的长、宽、高，从而给出长方体铝块的体积 V，由 $\rho=\frac{m}{V}$ 可求得长方体铝块的密度。

（2）用流体静力称衡法测量不规则铝卷条的密度。

（3）用流体静力称衡法测量食盐水的密度。

五、数据处理

将实验数据填入表 2-2-1、表 2-2-2 中。

表 2-2-1　测量长方体铝块密度的实验数据

长方体铝块在空气中的质量 m/g	
长方体铝块的体积 $V/\mathrm{mm^3}$	

长方体铝块的密度为　$\rho=\frac{m}{V}=$ ____________

表 2-2-2　测量不规则铝卷条与食盐水密度的实验数据

水温：$t=$ ______ ℃

待测物体在空气中的质量 m_1/g	
待测物体在纯水中的质量 m_2/g	
纯水在温度 t 时的密度 $\rho_0/(\mathrm{kg\cdot m^{-3}})$	
待测物体在待测液体中的质量 m_3/g	

不规则铝卷条的密度为　$\rho=\frac{m_1}{m_1-m_2}\rho_0=$ ____________

食盐水的密度为　$\rho=\frac{m_1-m_3}{m_1-m_2}\rho_0=$ ____________

实验 3　拉伸法测杨氏模量

一、实验目的

（1）了解弹性模量的物理意义。

（2）掌握用显微镜放大系统测量微小长度变化的原理、方法和应用。

（3）掌握各种长度测量工具的选择和使用。

（4）学会用逐差法处理数据。

二、实验仪器

本实验所用仪器包括杨氏模量测量架、电荷耦合器件(charge coupled device,CCD)显示器、光学平台、磁力滑座、读数显微镜、螺旋测微器、卷尺、砝码及砝码盘等。

三、实验原理

设一粗细均匀的金属丝长为 L,截面积为 S,上端固定,下端悬挂砝码,金属丝在外力 F 的作用下发生形变,伸长量为 ΔL。根据胡克定律,在弹性限度内,金属丝的应力 $\frac{F}{S}$ 和产生的应变 $\frac{\Delta L}{L}$ 成正比,即

$$\frac{F}{S}=E\frac{\Delta L}{L} \tag{2-3-1}$$

或

$$E=\frac{FL}{S\Delta L} \tag{2-3-2}$$

式中,比例系数 E 称为杨氏模量。在国际单位制中,杨氏模量的单位为牛·米$^{-2}$,符号为$\mathrm{N\cdot m^{-2}}$。

实验证明,杨氏模量与外力 F、物体的长度 L 和截面积 S 的大小无关,它只决定于材料的性质,它是表征固体材料性质的一个物理量。在式(2-3-2)的右端,F,L 和 S 可用一般的仪器和方法测得,唯有 ΔL 是一个微小变化量,需用显微镜放大系统测量。

设金属丝的直径为 d,则金属丝的截面积为

$$S=\frac{1}{4}\pi d^2 \tag{2-3-3}$$

将式(2-3-3)代入式(2-3-2),得

$$E=\frac{4FL}{\pi d^2\Delta L} \tag{2-3-4}$$

由式(2-3-4)可知,只要测得 F、L、d 和 ΔL,就可算出被测金属丝的杨氏模量。

四、实验步骤

(1)夹好金属丝,调整支架呈竖直状态,在金属丝的下端挂上砝码盘,使金属丝能够自由伸缩。

(2)按图 2-3-1(a)安装实验仪器并调节好,使显示器上能看到清晰的十字准线和数字分划板[见图 2-3-1(b)]。

(3)在砝码盘上预加 200 g 砝码将金属丝拉直,再每次增加 200 g,加至 1 400 g 为止。逐次记录每加一个砝码时显微镜视频屏幕中的标尺读数 n_2、n_3、…、n_7。加砝码时注意勿使砝码盘摆动,并将砝码缺口交叉放置,以防砝码掉落。

(4)再将所加的砝码依次轻轻取下,并逐次记录每取下 200 g 砝码时显微镜视频屏幕中的标尺读数 n_7、n_6、…、n_2。

(5)用卷尺测量金属丝的长度 L。

(6)用螺旋测微器测量金属丝的直径 d。

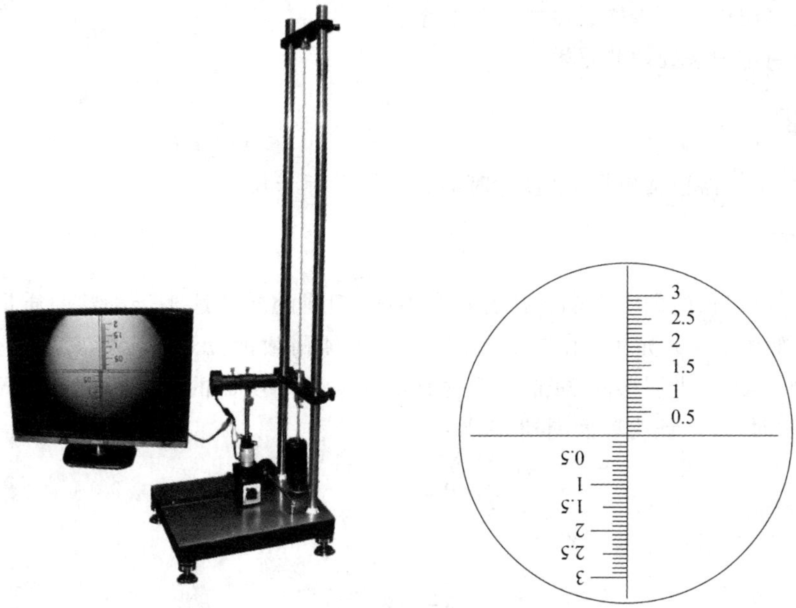

(a)　　　　(b)

图 2-3-1　实验装置实物图和数字分划板图像

(7)用逐差法算出 ΔL，再将有关数据化为国际单位并代入式(2-3-4)中，求出金属丝的杨氏模量。

五、数据处理

(1)将实验数据填入表 2-3-1 中。

表 2-3-1　拉伸法测杨氏模量实验数据

金属丝长度：________m；金属丝直径：________mm

砝码/g	400	600	800	1 000	1 200	1 400
标尺读数	n_2	n_3	n_4	n_5	n_6	n_7
加砝码标尺读数/mm						
减砝码标尺读数/mm						
平均标尺读数/mm						

(2)利用逐差法计算 ΔL，即

$$\Delta L=\frac{1}{3}[(n_5-n_2)+(n_6-n_3)+(n_7-n_4)] \tag{2-3-5}$$

(3)计算杨氏模量。

实验 4　单摆法测重力加速度

一、实验目的

(1)掌握用单摆测量重力加速度的方法。

(2)研究单摆周期与单摆长度之间的关系。

(3)学习用作图法处理测量数据。

二、实验仪器

本实验所用仪器包括单摆、毫秒计时器、米尺、游标卡尺。

三、实验原理

当一根不可伸长的细线下端悬挂着一个小球(细线的质量远小于小球的质量)时,就形成了一个单摆,如图 2-4-1 所示。在这个单摆中,当小球稍微被拉开一定距离后,它会在重力作用下在铅直平面内做来回摆动,完成一个完整的往复运动所需的时间称为一个周期。当摆动的角度小于 5°时,可以证明单摆周期 T 满足公式

$$T=2\pi\sqrt{\frac{L}{g}} \tag{2-4-1}$$

即

$$g=4\pi^2\frac{L}{T^2} \tag{2-4-2}$$

式中,L 为单摆长度,即上端悬挂点到球心的距离;g 为当地的重力加速度。通过测量单摆的周期 T 和单摆长度 L,可以利用式(2-4-2)来计算重力加速度 g。根据公式 $T^2=\frac{4\pi^2 L}{g}$,可以发现单摆周期的平方与单摆长度呈线性关系。因此,通过测量不同长度的单摆所对应的周期,可以绘制出 T^2 和 L 之间的图线,并通过斜率求出重力加速度 g 的值。

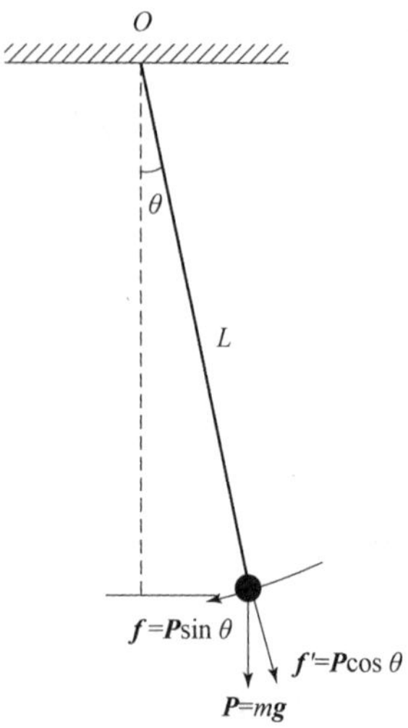

图 2-4-1　单摆受力分析

四、实验步骤

(1)测量单摆长度:使用米尺测量摆线长度 l,并用游标卡尺测量小球直径 D,重复这个过程 5 次,并将实验数据填入表 2-4-1 中。单摆长度可以计算为 l 加上小球直径的一半,建议取摆长为 1 m。

(2)测量单摆周期:将小球拉开,然后释放,使单摆在铅直平面内做小角度摆动(摆角

$\theta<5^\circ$)。用停表测量单摆摆动 $n=10$ 个周期所需的时间 $t(10T)$，重复此测量 5 次，并将实验数据填入表 2-4-1 中。

(3)计算重力加速度 g：通过测量得到的单摆周期数据，利用公式 $T^2=\frac{4\pi^2}{g}L$，计算出重力加速度 g 的值。同时，计算相对误差 $\frac{\Delta g}{g}$ 和绝对误差 Δg，并按照标准形式呈现测量结果。

(4)图解法处理数据：每次缩短单摆长度 10 cm 左右，测出对应的单摆周期 T，直至摆长为 40 cm 左右为止。将单摆长度 L 作为横坐标，单摆周期的平方 T^2 作为纵坐标，利用绘图软件绘制 T^2-L 图线，通过线性拟合给出直线的斜率，并由此得到重力加速度 g。将计算结果与本地区参考值进行比较，给出相对误差。

五、数据处理

(1)将实验数据填入表 2-4-1、表 2-4-2 中。

表 2-4-1　单摆法测重力加速度实验数据

物理量	次数					平均值
	1	2	3	4	5	
线长 l/cm						
小球直径 D/cm						
$t=10T$/s						

表 2-4-2　单摆长度与单摆周期的关系

物理量	次数				
	1	2	3	4	5
线长 l/cm					
单摆长度 $L=l+\frac{D}{2}$/cm					
$t=10T$/s					
单摆周期 T/s					
单摆周期的平方 T^2/s^2					

(2)分别用列表法与作图法计算重力加速度的实验值和误差，并按标准形式写出测量结果。

实验 5　自由落体法测重力加速度

一、实验目的

(1)观察和研究自由落体运动及其规律。

(2)学会用自由落体法测量当地重力加速度。

二、实验仪器

本实验所用仪器包括 ZL-A 自由落体仪、MUJ-4B 电脑计时器。

三、实验原理

仅在重力作用下，物体从静止开始下落的运动是匀加速直线运动(自由落体)。由地球表面的重力加速度 g 主要随纬度不同而有所不同，即

$$g=9.78049(1+0.005288\sin^2\varphi-0.000006\sin^2 2\varphi) \tag{2-5-1}$$

式中，φ 为纬度角，可由地图查出。而运动规律满足

$$h=v_0t+\frac{1}{2}gt^2 \tag{2-5-2}$$

当初速度 $v_0=0$ 时，可得

$$h=\frac{1}{2}gt^2 \tag{2-5-3}$$

此时，只要测出物体下落的时间 t，以及 t 时间内物体下落的距离 h，就可以得到重力加速度 g。

本实验使用图 2-5-1 所示的 ZL-A 自由落体仪进行测量。

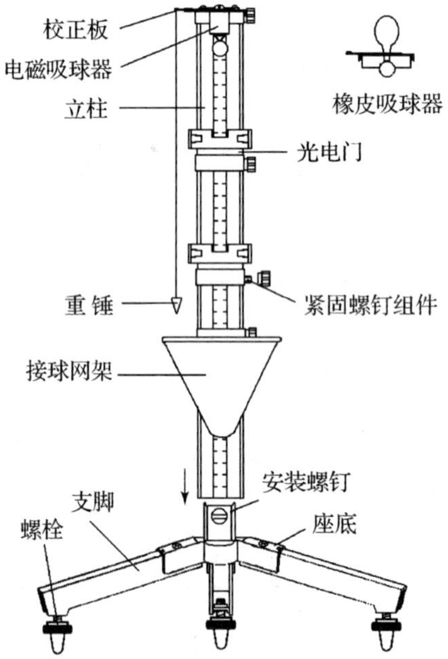

图 2-5-1　ZL-A 自由落体仪示意图

通常可用如下两种方法。

方法一：联动计时方式。

计时器切断电磁铁电源，钢球下落时开始计时，钢球经过第一个光电门时停止计时。测得钢球下部到第一个光电门之间的距离 h 和计时器所显示的时间 t，通过式(2-5-3)即可求得重力加速度 g。这种测量方法公式简单，计算方便，但测得的重力加速度 g 一般偏差较大，原因

是 h 的精确测量有困难，且断电瞬间仪器中的电磁铁有剩磁，使得钢球并不会立即下落，引起 t 值的测量误差。

方法二：双光电门计时方式。

如图 2-5-2 所示，钢球沿垂直方向从 O 点开始自由下落，设它到达 A 点的速度为 v_1，从 A 点起，经过时间 t_1 后钢球到达 B 点。A、B 两点间的距离为 h_1，则

$$h_1 = v_1 t_1 + \frac{1}{2} g t_1^2 \tag{2-5-4}$$

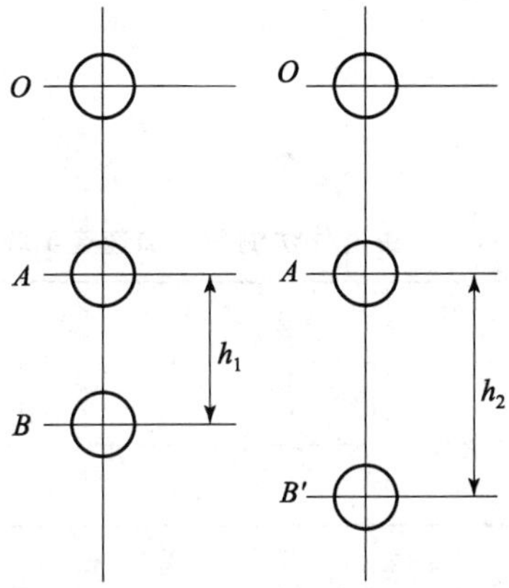

图 2-5-2 双光电门计时方式

若保持上述条件不变，从 A 点起，经过时间 t_2 后，钢球到达 B'点，A、B'两点间的距离为 h_2，则

$$h_2 = v_2 t_2 + \frac{1}{2} g t_2^2 \tag{2-5-5}$$

由于 $v_1 = v_2$，因此，将式(2-5-4)、式(2-5-5)联立，可得

$$g = 2\,\frac{\dfrac{h_2}{t_2} - \dfrac{h_1}{t_1}}{t_2 - t_1} \tag{2-5-6}$$

利用该方法测量，可将原来难以精确测量的距离 h 转化为测量差值，即$(h_2 - h_1)$，该值等于第二个光电门在两次实验中的上、下移动距离，可由第二个光电门在移动前、后标尺上的两次读数求得。同时，该方法也解决了剩磁所引起的时间测量精度，测量结果要比联动计时方式精确得多。本实验采用此方法进行测量。

四、实验步骤

(1)观察、熟悉实验所用的实验仪器名称、结构，认真阅读 ZL-A 自由落体仪(重力加速度测试仪)、MUJ-4B 电脑计时器使用说明书，并按说明书要求安装、调试仪器。

(2)组装、调试 ZL-A 自由落体仪，如图 2-5-1 所示。将 3 个支脚与底座连接紧固，再固定在立柱上，使其不能松动；调节立柱垂直度；将重锤悬挂在电磁吸球器左端的校正板的挂钩上，调节底座左、右两枚螺栓，使重锤线与上、下两光电门重合(从侧面目测)；将重锤悬挂在电磁吸球器下端的校正板的挂钩上，调节底座后面的螺栓，使重垂线与标尺中线重合(从正面目测)。保证钢球下落过程中遮光位置的准确性，确保实验精度。

(3)给 MUJ-4B 电脑计时器接线,接通计时器电源,并置于"计时"挡的 S2 功能计时。打开电磁铁开关,将钢球吸于电磁铁中心。设置第一个光电门(位于上部)位置不变,将第二个光电门(位于下部)下移至距第一个光电门 20 cm 处,释放钢球,记录钢球通过两光电门之间的时间 t 和距离 h,重复测量 5 次。

移动第二个光电门,依次测量两个光电门距离 h 分别为 40 cm、60 cm、80 cm、100 cm 时钢球通过所用的时间 t,并记录。

按式(2-5-6)计算重力加速度 g,取其平均值,并计算相对误差。

五、数据处理

将实验数据填入表 2-5-1。

表 2-5-1 自由落体法测重力加速度实验数据

实验次数	1	2	3	4	5
时间 t/ms					
位移 h/m					

根据表 2-5-1 中的实验数据计算重力加速度。

实验时需注意:小钢球初位置 O、两光电门中心、接球网架中心在同一铅直线上。

实验 6 气垫导轨法验证牛顿第二定律

一、实验目的

(1)熟悉气垫导轨的构造,掌握正确的使用方法。

(2)熟悉光电计时系统的工作原理,学会用光电计时系统测量短暂时间的方法。

(3)学会测量物体的速度和加速度。

(4)验证牛顿第二定律。

二、实验仪器

本实验所用仪器包括气垫导轨、气源、数字毫秒计时器、游标卡尺、电子天平、细尼龙线、砝码及砝码盘等。

三、实验原理

牛顿第二定律的表达式为 $F=Ma$,其中 F 为系统所受到的合外力,M 为系统的总质量,a 为系统的加速度。当总质量 M 一定时,滑块的加速度 a 随着 F 的增大而增大,且 $F_1/a_1=F_2/a_2=F_3/a_3=\cdots=M$,恒为常量,这就表明,当系统总质量不变时,物体运动的加速度与其所受的合外力成正比。如果滑块所受的合外力不变,则滑块运动的加速度与系统总质量成反比,即 $M_1a_1=M_2a_2=M_3a_3=\cdots=F$。

本实验在气垫导轨上进行。气垫导轨是一种摩擦很小的现代化力学实验仪器，主要由导轨、滑块、挡光片和光电门等组成。气垫导轨的结构如图 2-6-1 所示。

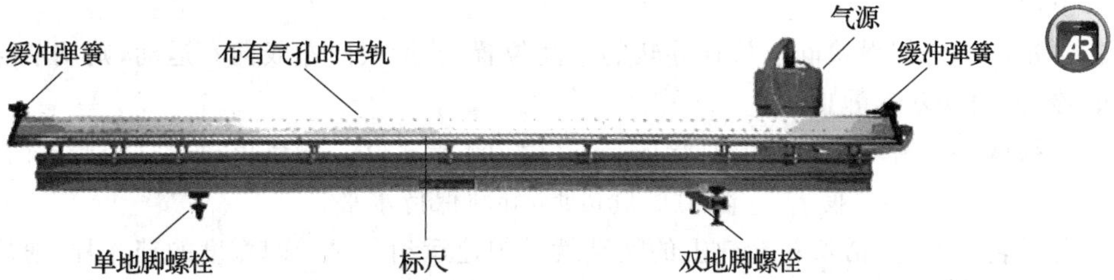

图 2-6-1　气垫导轨的结构

1. 导轨

导轨一般由长约 2.0 m 的三角形中空铝材料制成，其表面两侧各有两排直径约为0.5 mm 的喷气孔。压缩空气经由小型气源送入导轨内腔，再由导轨表面上的喷气孔中喷出，在导轨表面与滑块内表面之间形成很薄的气垫层，滑块就浮在气垫层上，与轨面脱离接触，从而将滑块与导轨之间的滑动摩擦变成空气层之间的气体内摩擦，极大地减小了以往在力学实验中由于摩擦力引起的误差。导轨两端可以安装缓冲弹簧，一端安装有滑轮。整个导轨一般安装在钢架上，钢架下安装有 3 个用来调节导轨水平的地脚螺栓。

2. 滑块

滑块一般由角形铁材料或角形铝材料制成，其两侧内表面和导轨表面要求精密吻合。滑块上可以安置挡光片或放置附加重物，其两端可以安装缓冲弹簧或者其他缓冲装置。

3. 挡光片

挡光片由金属制成，一般为 T 形、U 形和其他形状。对于 U 形挡光片，其挡光片宽度 d 是指挡光片第一前沿到第二前沿的距离，如图 2-6-2 所示。

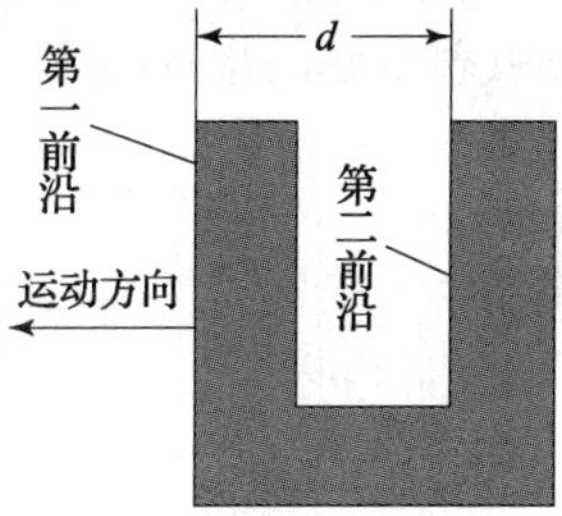

图 2-6-2　U 形挡光片

4. 光电门

光电门由聚光灯泡和光电管组成，安装在导轨的一侧，其位置可以根据实验需要改变。光电管与数字毫秒计时器相连，当光照到光电管时，光电管电路导通；当滑块上的挡光片经过光电门时，会挡住光路，此时光电管为断路，数字毫秒计时器通过门控制电路输出一个脉冲，使数字毫秒计时器开始或停止计时，即滑块上的挡光片通过一次光电门时，数字毫秒计时器实际记录的时间 t 正是滑块通过光电门所用的时间。滑块通过光电门的平均速度 $v=d/t$，其中 d 为挡光片的宽度。由于 d 比较小，滑块通过光电门时速度变化也比较小，因此 v 可看作滑块经过光电门时的瞬时速度。

5. 气垫导轨和光电测量系统的调节

(1)将压缩空气送入导轨，并清洁导轨和滑块表面，将滑块放在导轨上，使滑块在导轨上自由滑动。(注意：在没有送气时，严禁推动滑块，以免磨损导轨表面。)

(2)调节和检查光电测量系统。接通数字毫秒计时器，打开电源开关，如果这时已有数字显示，可按复零按键，使显示的数字复零，然后做挡光实验。滑块上放一挡光片，轻轻推动滑块，即给滑块一初速度，观察滑块上挡光片通过光电门时，数字毫秒计时器是否计时，若计时器显示计时数字，则仪器正常；若计时器没有反应，则应进行检查。

(3)调节气垫导轨水平。按实验要求在导轨两端靠中部相隔一定距离放置两个光电门，使滑块向左或向右运动时，滑块上挡光片通过两个光电门的时间 t_1 和 t_2 近乎相等，具体调节分为以下两步。

①粗调。先把滑块静止放在导轨的中间位置，若滑块向左或向右运动，则调节导轨的单地脚螺栓，使滑块基本静止。

②细调。将滑块从导轨的右端推一下(用力不要过猛)，测量出它通过两光电门的时间 t_1，t_2，调节三个地脚螺栓使 t_1、t_2 数值尽量接近，导轨保持水平。

若导轨水平，则滑块在导轨上的运动就是匀速运动。对于同宽度的挡光片，滑块经过两光电门的时间应相等，即 $t_1=t_2$，实际上只需要满足 $\left|t_1-\dfrac{t_2}{t_1}\right|<1\%$，即可认为导轨已调成水平。

把滑块放在水平导轨上，再将滑块和砝码相连挂在滑轮上，由砝码盘、滑块、砝码和滑轮组成的这一系统，所受到的合外力 F 大小等于砝码(包括砝码盘)的重力 G 减去阻力，在本实验中阻力可忽略，因此，砝码(包括砝码盘)的重力 G 就等于作用在该系统上合外力的大小。系统的质量 M 等于所加砝码及砝码盘质量 m_1、滑块的质量 m_2 和滑轮的折合质量 $\frac{I}{r^2}$ 的总和，若忽略滑块与导轨之间的黏性阻力和滑轮的摩擦阻力，根据牛顿第二定律，有

$$F=\left(m_1+m_2+\frac{I}{r^2}\right)a \tag{2-6-1}$$

由于折合质量 $\frac{I}{r^2}$ 相对于 m_1+m_2 很小，故在实际实验时可以忽略。于是，式(2-6-1)可近似写成

$$F=(m_1+m_2)a \tag{2-6-2}$$

实验装置如图 2-6-3 所示，在导轨上相距 s 的两处放置两光电门 K_1 和 K_2，测出此系统在砝码(包括砝码盘)重力作用下滑块通过两光电门的速度 v_1 和 v_2，则系统的加速度为

$$a=\frac{v_2-v_1}{\Delta t} \tag{2-6-3}$$

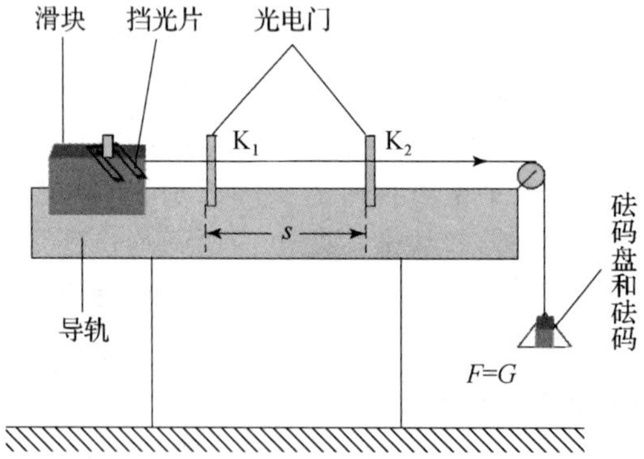

图 2-6-3　实验装置

在滑块上放置 U 形挡光片，假设滑块经过光电门 K_1 时数字毫秒计时器记录的时间为 t_1，经过光电门 K_2 时数字毫秒计时器记录的时间为 t_2，滑块从 K_1 运动到 K_2 所用的时间为 Δt，则有 $v_1=\frac{d}{t_1}$ 和 $v_2=\frac{d}{t_2}$，其中 d 为挡光片的宽度。由于 d 较窄，由前述可知，在 d 范围内，可把平

均速度看成滑块上挡光片经过两光电门时的瞬时速度。t 越小(相应的挡光片宽度 d 也越窄),平均速度就越能准确地反映滑块在该时刻运动的瞬时速度。

需要说明的是,数字毫秒计时器中记录的滑块经过光电门运动距离 d 所用的时间才是本实验中的直接测量值,式(2-6-3)中的速度(v_1 和 v_2)和加速度虽然都可以直接从数字毫秒计时器上读出,但都是间接测量值。

四、实验步骤

实验之前,将气垫导轨调成水平,并使数字毫秒计时器处于正常工作状态。

1. 验证 M 一定时,a 与 F 成正比

打开数字毫秒计时器,选择"加速度"挡,将细尼龙线的一端接在滑块上,另一端绕过滑轮后悬挂一个砝码盘,先把所有砝码都放在滑块上,并将滑块置于第一个光电门外侧,使挡光片距离第一个光电门约 20 cm,松开滑块,测量并记录滑块通过两个光电门的时间 t_1 和 t_2,以及滑块从第一个光电门到第二个光电门的时间 Δt,然后按数字毫秒计时器面板上的"转换"键,分别记录 v_1、v_2 和加速度 a。

逐次从滑块上取下砝码加到砝码盘上,重复上述测量。

从上述测量中任意抽取 5 组数据,计算出不同作用力下的加速度与作用力的比值,若比值很接近,则说明 a 与 F 成正比。

2. 验证 F 一定时,a 与 M 成反比

打开数字毫秒计时器,选择"加速度"挡,将细尼龙线的一端接在滑块上,另一端绕过滑轮后悬挂一个装有一定量砝码的砝码盘,将滑块置于第一个光电门外测,使挡光片距离第一个光电门约 20 cm ,松开滑块,测量并记录滑块通过两个光电门的时间 t_1 和 t_2,以及滑块从第一个光电门到第二个光电门的时间 Δt,然后按数字毫秒计时器面板上的"转换"键,分别记录 v_1、v_2 和加速度 a。

逐次改变滑块的质量(改变配重),重复上述测量。

从上述测量中任意抽取 5 组数据,计算出相同作用力下的加速度与系统总质量的乘积。若乘积很接近,则说明 a 与 M 成反比。

五、数据处理

(1)将实验数据填入表 2-6-1、表 2-6-2 中。

挡光片的宽度 d=________cm;滑块的质量 $m_{滑}$ =________g。

表 2-6-1 验证 M 一定时,a 与 F 成正比

次数	M_i/g	t_1/ms	t_2/ms	Δt/ms	$v_1/(\mathrm{cm\cdot s^{-1}})$	$v_2/(\mathrm{cm\cdot s^{-1}})$	$a/(\mathrm{cm\cdot s^{-2}})$
1							
2							
3							
4							
5							

表 2-6-2 验证 F 一定时，a 与 M 成反比

次数	M_i/g	t_1/ms	t_2/ms	Δt/ms	v_1/(cm·s^{-1})	v_2/(cm·s^{-1})	a/(cm·s^{-2})
1							
2							
3							
4							
5							

(2)计算最大相对误差，并进行误差分析。

实验 7　三线摆法测刚体转动惯量

一、实验目的

(1)掌握用三线摆测量刚体转动惯量的原理和方法。
(2)验证平行轴定理。

二、实验仪器

本实验所用仪器包括三线摆实验仪、三线摆测试仪、游标卡尺、米尺、天平、被测样品(圆环、两个圆柱体)等。

三、实验原理

三线摆是通过扭摆运动测量刚体转动惯量的一种装置，图 2-7-1 所示为三线摆实验仪结构简图，图 2-7-2 所示为三线摆实验装置示意图。该装置将一个均质圆盘，通过等长的 3 条摆线对称地悬挂在一个水平固定的小圆盘下面，上、下圆盘均处于水平状态，悬挂在横梁上。3 条对称分布的等长摆线将两圆盘相连，其中上圆盘固定，下圆盘可绕中心轴 OO' 扭摆做扭摆运动。扭摆运动的过程也就是圆盘势能与动能的转化过程，扭摆运动的周期 T 和下圆盘的质量分布有关，当改变下圆盘的转动惯量(即改变质量分布)时，扭摆运动周期也相应地发生变化。三线摆就是通过测量扭摆运动周期来测定被测物体的转动惯量。

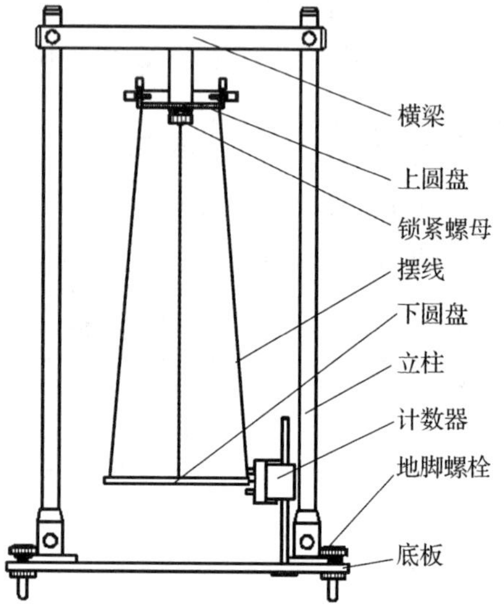

图 2-7-1　三线摆实验仪结构简图

当下圆盘扭摆角度很小，且略去空气阻力时，

扭摆运动可近似看作简谐运动。根据能量守恒定律和刚体转动定律均可导出物体绕中心轴 OO' 的转动惯量。如图 2-7-3 所示，下圆盘可绕 OO' 轴扭摆，设下圆盘质量为 m，当它绕 OO' 轴做小角度 θ 扭摆时，圆盘位置升高了 h，则势能 $E_p=mgh$，动能 $E_k=\frac{1}{2}I_0\omega^2=\frac{1}{2}I_0\left(\frac{d\theta}{dt}\right)^2$，若不计摩擦阻力，且机械能守恒，则有

$$mgh+\frac{1}{2}I_0\omega^2=\text{常量} \tag{2-7-1}$$

式中，I_0 为下圆盘沿 OO' 轴的转动惯量。设悬线长为 L，上、下圆盘半径分别为 r 和 R，当下圆盘扭摆一角度 θ 时，从上圆盘的 B 点向下圆盘作垂线，与升高 h 前、后的下圆盘分别交于 C 点和 C_1 点，如图 2-7-3 所示。根据几何关系，有

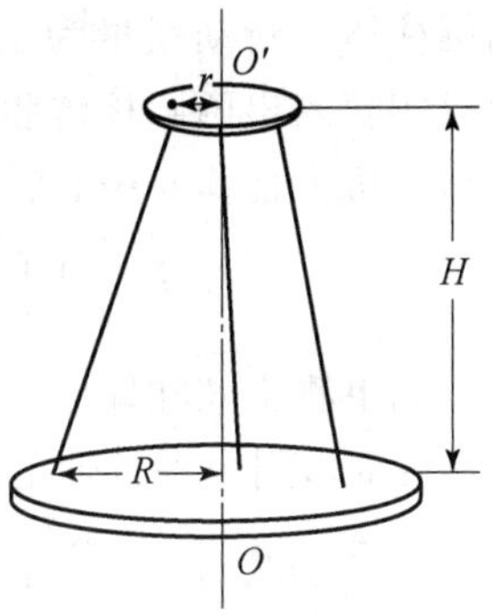

图 2-7-2　三线摆实验装置示意图

$$h=BC-BC_1=\frac{2Rr(1-\cos\theta)}{BC+BC_1}=\frac{4Rr\sin^2\frac{\theta}{2}}{BC+BC_1} \tag{2-7-2}$$

在扭摆角很小时，$\sin\frac{\theta}{2}\approx\frac{\theta}{2}$，而 $BC+BC_1\approx 2H$，则

$$h=\frac{Rr\theta^2}{2H} \tag{2-7-3}$$

将式(2-7-3)代入式(2-7-1)中，对 t 求导可得

$$\frac{d^2\theta}{dt^2}=-\frac{mgRr\theta}{I_0H} \tag{2-7-4}$$

式(2-7-4)为简谐振动方程，故该振动的角频率 ω 应为

$$\omega=\sqrt{\frac{mgRr}{I_0H}} \tag{2-7-5}$$

根据简谐振动周期 $T_0=\frac{2\pi}{\omega}$，可得

$$I_0=\frac{mgRr}{4\pi^2H}T_0^2 \tag{2-7-6}$$

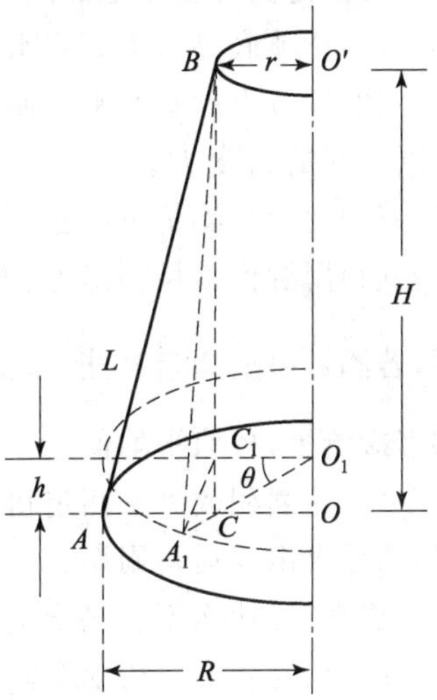

图 2-7-3　三线摆转动示意图

式(2-7-6)是测量下圆盘绕线中心轴的转动惯量的计算公式。若在实验过程中，分别测出 m、R、r、H 及 T，则可以通过式(2-7-6)求出下圆盘的转动惯量 I_0。如果在下圆盘上放上另一个质量为 M、转动惯量为 I(对 OO' 轴)的物体，则有

$$I=\frac{gRr}{4\pi^2H}[(m+M)T^2-mT_0^2] \tag{2-7-7}$$

根据式(2-7-7)，通过长度、质量和扭摆周期的测量，便可求出刚体绕中心轴的转动惯量。同时该式也反映了各物体对同一转轴的转动惯量满足线性相加减的关系。

用三线摆法还可以验证平行轴定理。若质量为 m 的物体绕过其质心轴的转动惯量为 I_C，当转轴平行移动距离 d 时，则此物体对新轴的转动惯量为 $I'=I_C+md^2$。这一结论称为转动惯量的平行轴定理。

将两个相同的圆柱体对称地置于下圆盘上，如图 2-7-4 所示，圆柱体中心到下圆盘中心的距离为 d。设圆柱体的质量为 m_1，对圆柱轴线的转动惯量为 I_1，则根据平行轴定理，下圆盘和

两圆柱体的转动惯量为 $I_0+2(I_1+m_1d^2)$，其总质量为 $m+2m_1$。通过实验测出两圆柱体和下圆盘绕中心轴 OO' 的扭摆周期 T_1，即可求出每个柱体对中心轴 OO' 的转动惯量，即

$$I_1=\frac{1}{2}\left[\frac{(m+2m_1)gRr}{4\pi^2 H}T_1^2-I_0\right] \tag{2-7-8}$$

如果测出圆柱体中心与下圆盘中心之间的距离 d 及圆柱体的半径 R_1，则由平行轴定理可求得

$$I_1'=m_1d^2+\frac{1}{2}m_1R_1^2 \tag{2-7-9}$$

比较 I_1 与 I_1' 的大小，可验证平行轴定理。

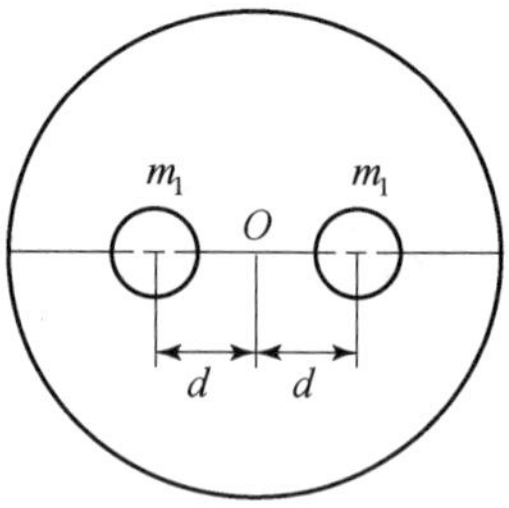

图 2-7-4　两个相同的圆柱体对称地置于下圆盘上

四、实验步骤

1. 测定圆环对于通过质心且垂直于环面的轴的转动惯量

(1)调节底座水平。将水平泡置于横梁中心位置，调节地脚螺栓，使水平泡处于中间位置。

(2)调节下圆盘水平。调节 3 条摆线的调节螺栓，使 3 条摆线的长度相等，用米尺测量上、下圆盘间的高度 H。

(3)用天平测量下圆盘、圆环、小圆柱的质量。

(4)用游标卡尺测出上、下圆盘圆心到悬挂点的距离 r 和 R。由于悬挂点构成一个正三角形，若测量出上圆盘悬挂点之间的距离 a，则 $r=\frac{\sqrt{3}a}{3}$。按同样的方法可测 R。上述各个量都要做多次测量，再取平均值。

(5)用累积放大法测定扭摆转动的周期，即用计时工具测量累积多个周期(如 $20T$)的时间，然后求出其运动周期。

思考：为什么不直接测量一个周期?

(6)用配套的三线摆实验仪测量周期。三线摆实验仪操作面板示意图如图 2-7-5 所示，打开实验仪电源，设置次数。假设将次数设为 20 次，按下“置数”键，此时显示 $n=30$，按“下调”键，直至 $n=20$，再按一次“置数”键，此时显示 St End，说明置数成功。

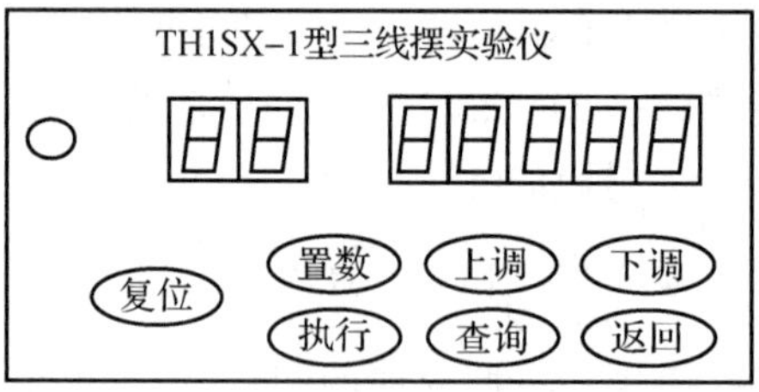

图 2-7-5　三线摆实验仪操作面板示意图

(7)调整光电传感器与挡光杆至合适位置。轻轻扭动上圆盘，带动下圆盘扭摆(注意扭摆的角度控制在 5°以内，且避免产生晃动)，且保证挡光杆基本在光电传感器中心位置。按下“执行”键，此时显示“P1 00.000”。当挡光杆经过光电传感器时，实验仪便自动开始计时，当下圆盘扭摆到达 20 个周期时，实验仪自动停止计时，并显示下圆盘扭摆 20 个周期所需的时间。再按“执行”键，重复此步骤 5 次。

(8)按“查询”键查询，$C_1 \sim C_5$ 分别显示 $P_1 \sim P_5$ 单组的平均值。实验仪显示 5 组数据的平均值，即下圆盘的扭摆周期 T_0，使用此时间计算下圆盘的转动惯量 I_0。

(9)检验下圆盘的转动惯量 I_0，将测量值 I_0 与理论值 $I'\left(I'=\frac{mD^2}{8}, D \text{ 为下圆盘直径}\right)$相比较，观察两者差值是否超过测量误差范围。如果差值较大，则分析其原因，重新做实验。

(10)把被测圆环置于下圆盘的中心位置(注意使圆环与圆盘中心重合)，重复步骤(5)～(8)，测出圆环与下圆盘叠加后的扭摆周期 T。

(11)求出此时的转动惯量，该值减去下圆盘的转动惯量即为圆环的转动惯量。

2. 验证转动惯量的平行轴定理

将两个相同的圆柱体对称地置于下圆盘上，如图 2-7-4 所示。圆柱体中心到下圆盘中心的距离为 d。圆柱体的质量为 m_1，对圆柱轴线的转动惯量为 I_1。测出此时的扭摆周期 T，根据式(2-7-8)和式(2-7-9)即可验证平行轴定理。

五、数据处理

(1)将实验数据填入表 2-7-1、表 2-7-2 和表 2-7-3。

表 2-7-1　用累积法测扭摆周期实验数据

	下圆盘		下圆盘加圆环		下圆盘加圆柱体	
扭摆 20 个周期所需时间/s	1		1		1	
	2		2		2	
	3		3		3	
	4		4		4	
	5		5		5	
	平均值		平均值		平均值	
扭摆周期	$T=$______		$T_1=$______		$T_2=$______	

表 2-7-2　有关长度多次测量实验数据

次数	上圆盘悬摆点间距 a/cm	下圆盘悬摆点间距 b/cm	待测圆环		圆柱体直径 $2R_x$/cm
			外直径 $2R_1$/cm	内直径 $2R_2$/cm	
1					
2					
3					
4					
5					
平均值					

表 2-7-3　验证平行轴定理实验数据

次数	小孔间距 $2d$/cm	扭摆周期 T_1/s	实验值/(kg·m²) $\left(I_1=\frac{1}{2}\left[\frac{(m+2m_1)gRr}{4\pi^2 H}T_1^2-I_0\right]\right)$	理论值/(kg·m²) $\left(I_1'=m_1 d^2+\frac{1}{2}m_1 R_1^2\right)$
1				
2				
3				
4				
5				

(2)根据实验数据，求出待测圆环的转动惯量，将其与理论值比较，求相对误差，并进行讨论。已知理想圆环绕中心轴的转动惯量的计算公式为

$$I_{理论}=\frac{m(R_1^2+R_2^2)}{2}$$

直径为 D，质量为 m 的圆盘，其转动惯量理论计算公式为

$$I=\frac{mD^2}{8}$$

实验 8　驻波法测声速

声波是一种在弹性介质中传播的机械波。声波的波长、频率、强度和传播速度是其重要的性质，对声波特性的测量则是声学技术的重要内容。从频率上区分，声音可分为声波、超声波和次声波。声波的频率范围在 $20\sim2\times10^4$ Hz 之间，这个范围正好可以被人耳识别；次声波的频率低于 20 Hz，具有不易衰减、不易被水和空气吸收的特点，而且其波长很长，可以绕开某些大型障碍物传播；超声波的频率高于 2×10^4 Hz，具有方向性好、穿透能力强、能定向传播等优点，可用于测距、测速、清洗、焊接、碎石、杀菌消毒等领域。

一、实验目的

(1)了解超声压电陶瓷换能器的结构和原理。

(2)加深对驻波及波的振动合成理论的理解。

(3)学习用驻波法测量声波在空气中的传播速度。

二、实验仪器

本实验所用仪器包括 THSS-1 型声速测试仪、低频信号发生器(带频率显示)、示波器。

三、实验原理

在声波传播过程中，波速 v、波长 λ 与频率 f 之间存在如下关系：$v=f\lambda$。若能同时测出媒

质中传播声波的频率 f 及波长 λ，即可求得此种媒质中声波的传播速度 v。

1. 超声波的获得——压电陶瓷换能器

超声波的产生与接收可以由两只结构完全相同的压电陶瓷换能器分别完成。压电陶瓷换能器作为波源具有优良的平面性、单色性，同时，还具有方向性强的特点。此外，由于频率在超声范围内，一般的音频对它没有干扰。频率 f 提高，波长 λ 就短，因此，可在不长的距离内测到多个 λ，取其平均值，此时 λ 的测定就比较准确，这些都可使实验的精度大大提高。

压电陶瓷换能器由压电陶瓷环片和轻、重两种金属组成，如图 2-8-1 所示。其中，压电陶瓷环片由一种多晶结构的压电材料制成，在其两个底面加正弦交变电压，其厚度就会按正弦规律发生纵向伸缩，从而发出超声波。同样，压电陶瓷环片也可以使声压的变化转化为电压的变化，用来接收声压信号。本实验就是采用压电陶瓷换能器来实现声压和电压之间的转换。

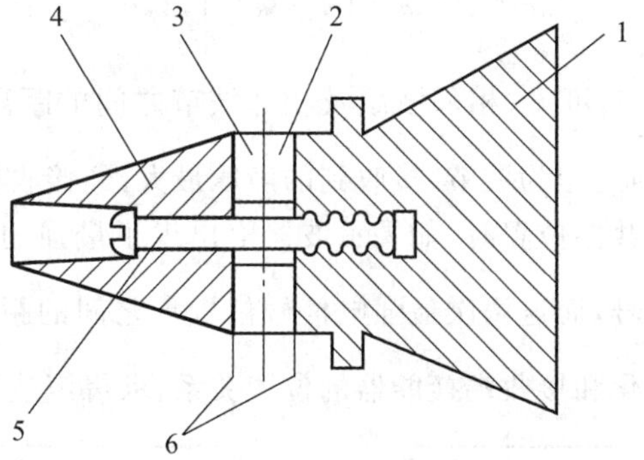

1—铝头；2，3—压电陶瓷环片；4—黄铜尾部；5—螺钉；6—铝铜片引出头。

图 2-8-1　压电陶瓷换能器结构图

压电陶瓷换能器系统有固有的谐振频率 f_0，当输入电信号的频率接近谐振频率时，压电陶瓷换能器产生机械谐振，当该机械谐振频率等于固有的谐振频率时，它的振幅最大，作为波源其辐射功率就最大；当外加强迫力以谐振频率迫使压电陶瓷换能器产生机械谐振时，它作为接收器转换的电信号最强，即灵敏度最高。

2. THSS-1型声速测试仪

THSS-1型声速测试仪由两个压电陶瓷换能器和一个精密丝杆导轨移动装置组成。选用频率特性大致相等的两只压电陶瓷片，一只作为发射端，另一只作为接收端。该声速测试仪就是利用上述可逆效应将压电陶瓷片制成压电陶瓷换能器，以实现声压与电压的相互转换。THSS-1 型声速测试仪示意图如图 2-8-2 所示，其中信号发生器输出的正弦电压加在发射换能器 S_1 上产生声波，接收换能器 S_2 接收声波，并将声压转换成电信号输入到示波器。当系统处于谐振时，示波器上显示的信号强度最大。发射换能器 S_1 与接收换能器 S_2 之间的距离可以从导轨上的标尺读出。

3. 驻波法(共振干涉法)测波长的原理

由声源发出的平面波沿 x 轴方向传播，经前方平面反射后，入射波和反射波叠加。这两列波有相同的振动方向、相同的振幅 A，以及相同的频率 f 和波长 λ，是一对相干波，在 x 轴上以相反的方向传播。设这两列波在原点的相位相同，则它们的波动方程分别是

$$y_1 = A\cos\left(\omega t - \frac{2\pi}{\lambda}x\right) \tag{2-8-1}$$

$$y_2=A\cos\left(\omega t+\frac{2\pi}{\lambda}x\right) \tag{2-8-2}$$

叠加后的合成波的方程为

$$y=y_1+y_2=\left(2A\cos\frac{2\pi}{\lambda}x\right)\cos\omega t \tag{2-8-3}$$

式中，A 为振幅；ω 为角频率；λ 为波长。波腹的位置为满足 $\left|\cos\frac{2\pi x}{\lambda}\right|=1$ 的各点，即

$$x=\pm k\frac{\lambda}{2}(k=1,2,\cdots) \tag{2-8-4}$$

波节的位置为满足 $\left|\cos\left(\frac{2\pi x}{\lambda}\right)\right|=0$ 的各点，即

$$x=\pm(2k-1)\frac{\lambda}{2}(k=1,2,\cdots) \tag{2-8-5}$$

由式(2-8-4)和式(2-8-5)可见，相邻波腹及相邻波节之间的距离都为半波长 $\frac{\lambda}{2}$。实验中，当发生共振时，接收器端面近似为波节，接收到的声压最大，经接收器转换成的电信号也最强。当接收器端面移动到某个共振位置时，如果示波器上出现了最强的电信号，继续移动接收器，则将再次出现最强的电信号，而这两次最强电信号位置点之间的距离即为半波长 $\frac{\lambda}{2}$。这样就可以通过实验测得声压变化和接收端换能器的位置关系，求得声波的波长。

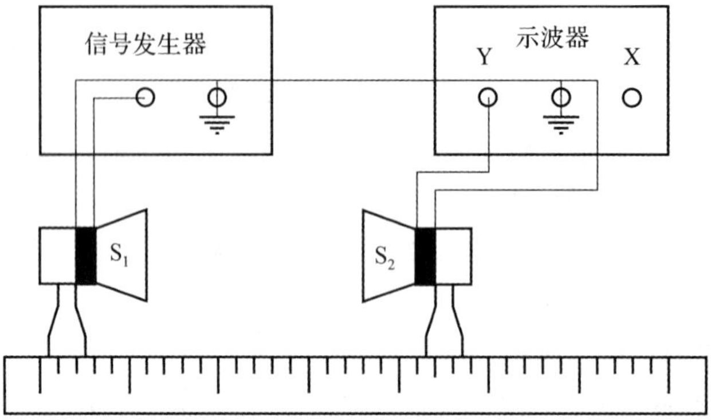

图 2-8-2　THSS-1 型声速测试仪示意图

四、实验步骤

1. 寻找系统的谐振频率 f_0

按图 2-8-2 接线，由于换能器 S_1 和 S_2 的谐振频率在一般情况下不可能做到完全相同，即 S_1 发射效果最好时，S_2 不一定接收得最好。为了使换能器 S_2 更有效地接收超声波，可转动丝杆使两个换能器有合适的距离，调节信号发生器的频率和幅度，同时调整信号接收端的示波器，使示波器屏幕上有适当的信号幅度。然后转动丝杆寻找信号幅度最强的位置，找到后调节信号发生器的频率，使示波器上的信号幅度最大，再用微调旋钮调节信号发生器的频率，使示波器上的信号幅度更大，此时信号发生器输出的频率值即为该系统的谐振频率 f_0。可以反复上述过程数

压电换能器

次，以寻找该系统准确的谐振频率 f_0。频率值可由信号发生器上读出，也可以由频率计测量。该系统参考谐振频率在 37 kHz 左右，本实验中声速的测量要求在谐振频率 f_0 下进行。

2. 驻波法测波长和声速

按图 2-8-2 接线，转动丝杆将接收换能器 S_2 从一端缓慢移向另一端，并来回几次，观察示波器上信号幅度变化，了解波的干涉现象。测量时，换能器 S_1 与 S_2 之间的距离从近到远或从远到近均可，选择一个示波器上的信号幅度最大处（驻波的波腹）为起点，记下 S_2 的位置，再缓慢移动 S_2，依次记下每次信号幅度最大时 S_2 的位置（波腹的位置）$X_1, X_2, \cdots, X_{12}$，共 12 个值。由分组逐差法求出波长，再计算声速及其不确定度，并与理论值比较计算百分误差。

五、数据处理

将实验数据填入表 2-8-1 中。

共振频率 f_0＝________kHz。

表 2-8-1　驻波法测声速实验数据

测量次数 i	位置 X_i/mm	测量次数 i	位置 X_i/mm	$L_i = X_{i+6} - X_i$/mm
1		7		
2		8		
3		9		
4		10		
5		11		
6		12		

第3章　电磁学实验

本章介绍了10个电磁学实验，实验9为伏安法测电阻，实验10为非线性元件伏安特性的测量，实验11为用惠斯通电桥测电阻，实验12为模拟法描绘静电场，实验13为万用电表的制作和定标，实验14为电表的改装与校准，实验15为RLC串联电路特性的研究，实验16为用箱式电位差计校准电表，实验17为示波器的使用，实验18为亥姆霍兹线圈磁场的测定。其中，理工科非物理专业必做实验为实验9、实验10，物理专业必做实验为实验9至实验18。

实验9　伏安法测电阻

一、实验目的

(1)学习通过测量电压、电流求电阻值的方法(伏安法)。

(2)正确使用电压表、电流表等，学习减少伏安法系统误差的方法。

二、实验仪器

本实验所用仪器包括直流稳压电源、电流表、电压表、可变电阻箱、导线、被测电阻。

三、实验原理

用伏安法测电阻，是指用电压表测量加在被测电阻R_x两端的电压U，同时用电流表测量通过该电阻的电流强度I，再根据欧姆定律$R_x=\frac{U}{I}$计算该电阻的阻值。因为电压的单位为V(伏特)，电流的单位为A(安培)，所以这种方法称为伏安法。

根据欧姆定律，只要测出电阻两端的电压U及通过的电流I，就可以用公式$R=\frac{U}{I}$求出被测电阻的阻值。用伏安法测量电阻有两种接线方法。

(1)电流表内接法：电压表跨接在电流表及被测电阻R_x两端，如图3-9-1所示。此时电流表的读数为$I=I_R$，而电压表的读数为$U=U_R+U_A$，可得

$$R_x=\frac{U_R}{I_R}=\frac{U-U_A}{I}=\frac{U}{I}-\frac{U_A}{I}=\frac{U}{I}-R_A=R-R_A \tag{3-9-1}$$

则

$$R=R_x+R_A \tag{3-9-2}$$

即电阻的测量值R大于实际值R_x。测量的绝对误差为R_A，相对误差为$\frac{R_A}{R}$，因此，当$R_A\ll R_x$时，可用内接法而忽略系统误差。

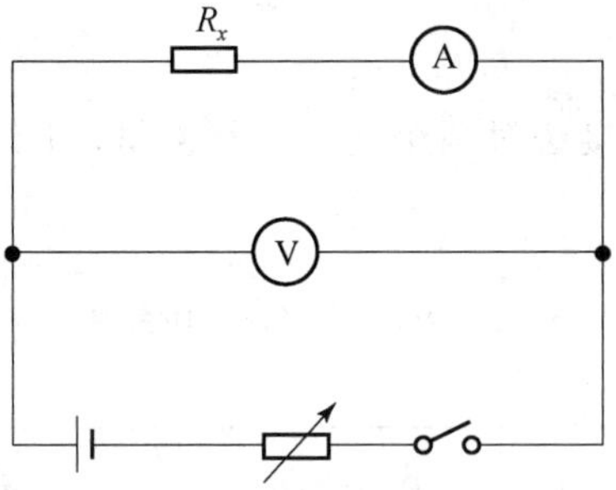

图 3-9-1 电流表内接法

(2)电流表外接法：电压表只跨接在电阻 R_x 两端，如图 3-9-2 所示。此时电压表的读数 $U=U_R$，而电流表的读数为

$$I=I_U+I_R \tag{3-9-3}$$

可得

$$R_x=\frac{U_R}{I_R}=\frac{U}{I-I_U}=\frac{U}{I-\frac{U}{R_V}} \tag{3-9-4}$$

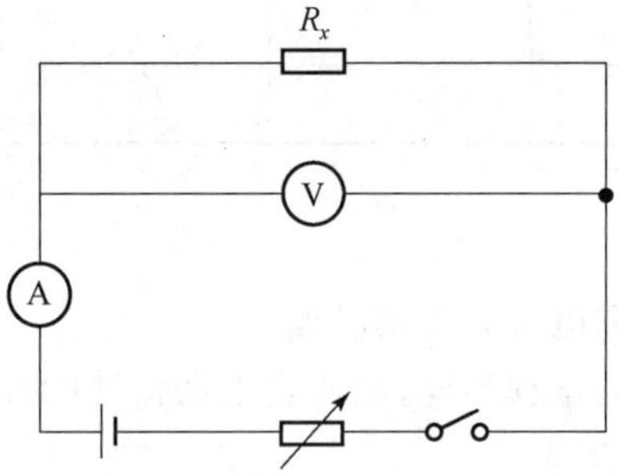

图 3-9-2 电流表外接法

由式(3-9-4)可见，电阻的测量值 $R=\frac{U}{I}$ 小于实际值 R_x，因此，当 $R_V \gg R_x$ 时可用外接法而忽略系统误差。

由以上分析可知用伏安法测电阻时，由于电流表和电压表都有一定的内阻，将它们接入电路后，就存在着接入误差(系统误差)，因此，测得的电阻值不是偏大就是偏小。两种接线方法相比较，当 $R_A \ll R_x$ 时，采用电流表内接法有利；当 $R_V \gg R_x$ 时，采用电流表外接法有利。一般情况下，都应根据以上两式进行修正，求得被测电阻 R_x。

四、实验步骤

(1)稳压电源调零，然后关闭电源。

(2)正确连接电路，电流表根据实际情况选择合适的量程(50 mA)，电压表选择 3 V 的量程。

(3)接通电源，稳压电源输出 3 V 的电压，测 R_{x1} 与 R_{x2}。

(4)收拾器材。

五、数据处理

分别用电流表内接法和外接法对两个电阻进行测量，将实验数据填入表 3-9-1、表 3-9-2，并给出实验结论。

表 3-9-1　内接法实验数据

$R_{A1}=$ ______ Ω，$R_{A2}=$ ______ Ω

	U/V	I/mA	R_A/Ω	$R_{测}=\frac{U}{I}/\Omega$	$R_{真}=\frac{U}{I}-R_A/\Omega$	$\Delta=\frac{\lvert R_{测}-R_{真}\rvert}{R_{真}}\times100\%$
R_{x1}						
R_{x2}						

表 3-9-2　外接法实验数据

$R_V=$ ______ Ω

	U/V	I/mA	R_A/Ω	$R_{测}=\frac{U}{I}/\Omega$	$R_{真}=\frac{U}{I}-R_A/\Omega$	$\Delta=\frac{\lvert R_{测}-R_{真}\rvert}{R_{真}}\times100\%$
R_{x1}						
R_{x2}						

六、注意事项

(1)在实验过程中电压表和电流表严禁满偏。

(2)在实验过程中电压表的量程不变，电流表根据指针的倾角尽可能大的原则(指针偏转在$\frac{2}{3}$刻度以上)选择合适的量程。

实验 10　非线性元件伏安特性的测量

一、实验目的

(1)熟悉测量伏安特性的方法。

(2)了解二极管的正向伏安特性。

二、实验仪器

本实验所用仪器包括直流稳压电源、电流表、电压表、滑动变阻器、导线、二极管。

三、实验原理

电子元件分为线性元件和非线性元件。如果加在元件两端的电压与通过的电流之比是恒量，则此元件为线性元件，如定值电阻；如果加在元件两端的电压与通过的电流之比不是恒量，则此元件为非线性元件，如白炽灯泡、二极管等。

没有任何杂质的半导体称为本征半导体。在本征半导体的基础上掺杂三价元素或五价元素，分别形成 P 型半导体与 N 型半导体，而将 P 型半导体和 N 型半导体制作在同一块半导体基片(通常是硅或锗)上，在它们的外界就形成空间电荷区，该电荷区称为 PN 结。二极管的＋端接高电位，一端接低电位，称为二极管正接；反之，称为反接。二极管结构示意图如图 3-10-1 所示。

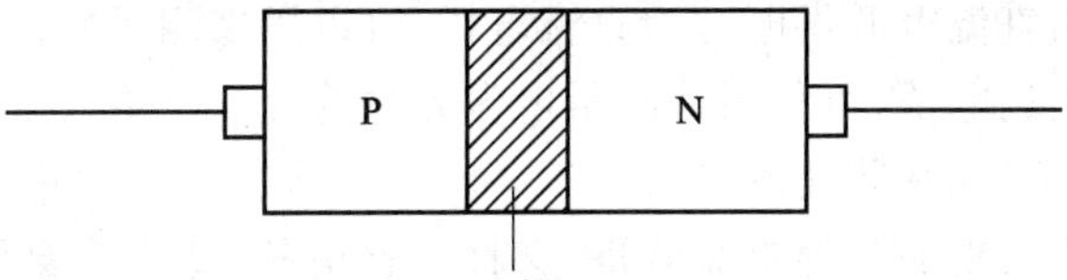

图 3-10-1　二极管结构示意图

当二极管正接时，电流随电压的增加而增加，当所加电压小于导通电压(锗二极管导通电压为 0.15 V 左右，硅二极管导通电压为 0.6 V 左右)时，电流增加得很缓慢；当电压增加到超过导通电压时，再稍加大电压，电流就会急剧增大，这种现象称为二极管的正向伏安特性。当二极管反接时，即使电压增加，流过二极管的电流仍很微小，基本不导通，即处于反向截止状态。这就是二极管的单向导电性，即正向导通而反向截止，其正向电阻为几欧至几千欧，反向电阻为几十千欧至几百千欧。由于二极管具有这样的单向导电性，因此它在电路中一般作为滤波元件使用。二极管正向伏安特性测试电路图如图 3-10-2 所示。其中，R(电阻箱)为限流电阻，可以改变通过二极管的电流，使二极管得到不同的电压。电压表的指示值就是二极管两端的电压 U_D，而电流表的指示值即为流过二极管的正向电流 I_D。

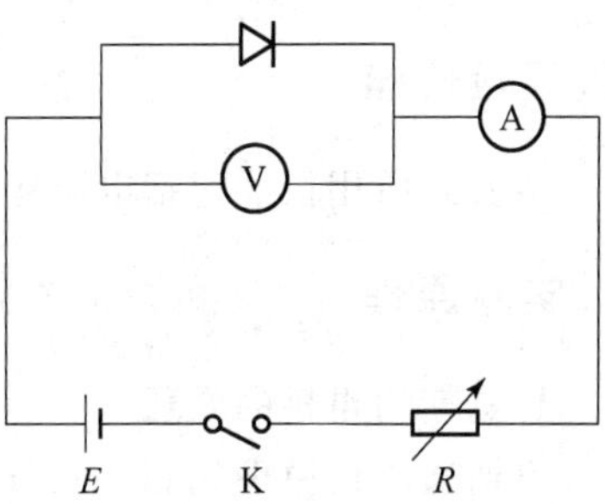

图 3-10-2　二极管正向伏安特性测试电路图

四、实验步骤

(1)自行设计实验，判断二极管的正、负极并演示。

(2)稳压电源调零，按照图 3-10-2 所示电路图接线，本实验只测二极管正向伏安特性。

(3)取 U_D 分别为 0，0.10，0.20，0.30，0.40，0.50，0.60，0.70，0.71，0.72，0.73，…，直至 I_D 接近(不可超过)50 mA，记录 I_D。实验过程中根据电流的实际情况选择合适的量程。

(4)收拾器材。

五、数据处理

(1)将实验数据填入表 3-10-1 中。利用测量值以 I_D 为纵坐标、U_D 为横坐标作出 I_D-U_D 曲线，即二极管的正向伏安特性曲线。

表 3-10-1　二极管正向特性实验数据

U_D/V	0	0.10	0.20	0.30	0.40	0.50	0.60	0.70	0.71	0.72	…
I_D/mA											接近 50 mA

(2)估计导通电压，判断二极管类别。

实验 11　用惠斯通电桥测电阻

电桥是一种比较式的测量仪器，在电测技术中应用极为广泛，可以分为直流电桥和交流电桥两大类。电桥当采用直流电源供电时为直流电桥，可以用来测量中值或低值电阻；电桥当采用交流电源供电时为交流电桥，可以用来测量电学元件的交流电阻及其时间常数、电容及其损耗角、自感及其品质因数、互感等交流参数。

惠斯通电桥是最早出现的一种直流电桥，又称单臂电桥，适合测量的电阻为中值电阻，其阻值范围为 $10\sim10^6\ \Omega$。

一、实验目的

(1)掌握用惠斯通电桥测量电阻的原理和方法。

(2)了解电桥灵敏度的概念。

二、实验仪器

本实验所用仪器包括电阻箱、检流计、滑动变阻器、被测电阻、直流电源。

三、实验原理

1. 惠斯通电桥的原理

惠斯通电桥原理如图 3-11-1 所示。其中电阻 R_2、R_3、R_4 和 R_x 通过导线形成一个封闭四边形，在 A 和 B 两点接入直流电源，在 C 和 D 两点接入检流计。图 3-11-1 中四边形的每一条边称为电桥的一个臂，而 CD 这条对角线就是桥。桥的作用是将 C、D 两点的电位直接进行比较，当 C、D 两点电位相等时，检流计 G 中没有电流通过，即 $I_G=0$，电桥便达到了平衡。这时的电桥称为平衡电桥，检流计称为平衡指示器，或称指零仪器。当电桥达到平衡时，因为 C、D 两点电位相等，故 $U_{AC}=U_{AD}$，$U_{CB}=U_{DB}$。

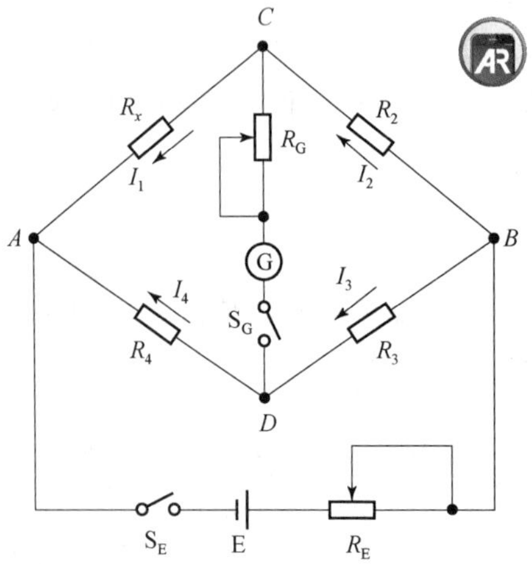

图 3-11-1　惠斯通电桥原理

根据欧姆定律，有 $I_1R_x=I_4R_4$，$I_2R_2=I_3R_3$。由于 $I_1=I_2$，$I_3=I_4$，所以有

$$\frac{R_x}{R_2}=\frac{R_4}{R_3} \tag{3-11-1}$$

因此，有

$$R_x=\frac{R_2}{R_3}R_4 \tag{3-11-2}$$

通常 R_2、R_3 称为比例臂，R_4 称为比较臂，R_x 称为测量臂(被测电阻)。由式(3-11-2)可知，惠斯通电桥测电阻的实质，是用已知电阻和未知电阻相比较而得出未知电阻。在 R_2、R_3、R_4 是较为精确的电阻的情况下，惠斯通电桥可以获得较高的精度，远超伏安法。

图 3-11-1 中的 R_G 为保护电阻，其作用是确保检流计的电流不会太大。

2. 惠斯通电桥灵敏度

电桥的平衡与否，是通过观察检流计有无偏转来判断的，而检流计的灵敏度有限，当通过它的电流很小，使指针偏转小于 0.2 格时，虽然 I_G 不等于零，但眼睛已无法观察出来了，这表示电桥不够灵敏，它会给测量带来误差。因此，使用电桥来测量电阻时，要考虑电桥的灵敏度问题。通常用相对灵敏度 S 来表示电桥灵敏度。

惠斯通电桥灵敏度定义为

$$S=\frac{n}{\dfrac{\Delta R_x}{R_x}} \tag{3-11-3}$$

式中，ΔR_x 为在电桥平衡时 R_x 的微小改变量；n 为 R_x 的微小改变量所导致电桥失去平衡而引起检流计偏转的格数，本实验中 $n=0.2$ 格。被测电阻的变化有时难以测量，因此，用$\frac{\Delta R_4}{R_4}$代替$\frac{\Delta R_x}{R_x}$。显然，电桥灵敏度 S 越大，表明电桥的灵敏度越高，判断所得的平衡点越精确，由电桥灵敏度带来的误差就越小。

S 的单位通常为格。例如，$S=100\text{ 格}=\frac{0.2\text{ 格}}{0.2\%}$，表示惠斯通电桥平衡后 R_4 改变0.2%，检流计就会显示 0.2 格的偏转，而通常人眼可以觉察出 0.2 格的偏转(即人眼对检流计的分辨率为 0.2 格)，因此，只要 R_4 有 0.2%的改变，即能被觉察。故当 $S=100$ 格时，由灵敏度限制带来的误差为 0.2%。

理论与实验都已证明，惠斯通电桥灵敏度与下面几个因素有关。

(1)与检流计的电流灵敏度 S 成正比，S 的值越大，惠斯通电桥灵敏度越高。但若 S 值过大，则惠斯通电桥不易稳定，平衡调节就比较困难，因此，应选用适当灵敏度的检流计。

(2)与检流计的内阻 R_g 及与其串联的电阻 R_G有关。R_g 及 R_G 越小，惠斯通电桥灵敏度就越高，反之则低。

(3)与电源的电动势成正比。

(4)与桥臂电阻有关。桥臂电阻越大，则惠斯通电桥灵敏度就越低。

此外，惠斯通电桥灵敏度还与电源和检流计所接位置及电源极向等有关。

3. 不确定度

用惠斯通电桥测量电阻时，不确定度主要来源于电阻箱的误差和惠斯通电桥灵敏度带来的误差。

(1)桥臂电阻引入的不确定度。

设 α 为电阻箱准确度级别,不考虑接触电阻,则有

$$\Delta_R = \alpha\% R \tag{3-11-4}$$

因此,估算电阻箱引入的不确定度为

$$u(R) = \frac{\Delta_R}{\sqrt{3}} = \frac{\alpha\% R}{\sqrt{3}} \tag{3-11-5}$$

(2)由式(3-11-1)可得桥臂电阻引入的合成不确定度为

$$u(R_x) = R_x \sqrt{\left[\frac{u(R_2)}{R_2}\right]^2 + \left[\frac{u(R_3)}{R_3}\right]^2 + \left[\frac{u(R_4)}{R_4}\right]^2} \tag{3-11-6}$$

若采用交换法进行测量,则可消除比例臂的误差。交换法就是在进行一次测量之后,在保持比例臂不变的情况下,将被测电阻与比较臂电阻交换位置再进行一次测量,取两次测量结果的几何平均值为被测电阻的准确值。

四、实验步骤

自组惠斯通电桥测电阻,步骤如下。

(1) 参照图 3-11-1,用 3 个电阻箱、被测电阻和检流计组装惠斯通电桥,取电源电压 $E=3.0\ \text{V}$。

(2) 取比例臂电阻 $R_2=R_3=200.0\ \Omega$,调节 R_G、R_E 至最大值。接通电源并调节 R_4 使检流计指针指零。再调节 R_G、R_E 至 0 Ω,细调 R_4 使惠斯通电桥平衡,记录下各桥臂的阻值。

(3)在惠斯通电桥处于平衡状态下,分别增加和减小 R_4 的值,使检流计偏转 1.0 格(即 $n=1$)。记下对应的 $\Delta R_4(+)$、$n(+)$和 $\Delta R_4(-)$、$n(-)$。计算此时惠斯通电桥灵敏度 S_1。

(4)取比例臂电阻 $R_2=R_3=1\ 000.0\ \Omega$,重复步骤(2)、步骤(3),计算此时惠斯通电桥灵敏度 S_2。

(5)计算不确定度并进行分析。

五、数据处理

自拟表格,记录实验数据,并按要求进行数据处理。

实验 12　模拟法描绘静电场

静电场是由电荷分布决定的,确定静电场的电荷分布,对于研究带电粒子与带电体之间的相互作用非常重要。理论上,如果给定电荷分布条件,则在一般情况下,通过应用解析法和数值计算法就可以对系统的静电场电荷分布进行计算模拟。然而,在科学研究和生产实践中,随着对静电现象、静电防护和静电应用等研究的深入,常常需要了解一些形状比较复杂的带电系统静电场电荷分布,对此,理论研究方法比实验研究方法显得更加困难。

在一定条件下,电介质中稳恒电流场与静电场服从相同的数学规律,可用稳恒电流场来模拟静电场并进行测量。这种实验方法称为模拟法,其适用条件是模拟与被模拟的两种状态或过程有两组一一对应的物理量,并且满足相同形式的数学规律。该方法作为一种重要的实验研究方法,对电子示波管、电子显微镜等系统中复杂电极的静电场电荷分布研究十分适用,也

可用于传热学中热流向量场和理想流体速度场的实验研究。此外，模拟法还常常用于大量缩小和小量放大等情况的模拟研究。例如，可利用模拟法用风洞中的飞机模型来研究真实飞机在大气中的实际飞行。

一、实验目的

(1)了解用稳恒电流场模拟静电场的基本原理。

(2)学会用模拟法测绘稳恒电流场的电荷分布。

(3)加深对静电场强度和电势概念的理解。

二、实验仪器

本实验所用仪器包括双层静电场测试仪、直流稳压电源、电压表、检流计、滑动变阻器、万用表、米尺、游标卡尺、坐标纸、开关、导线。

三、实验原理

由于静电场中没有电流，因此，直接测量静电场的电荷分布通常很困难，一般的磁电式仪表对此不起作用。静电式仪表可以对静电场进行测量，但由于其结构比较复杂，灵敏度较低，而且仪表本身是由导体或电介质制成的，静电探测电极通常较大，因此，静电式仪表一旦放入静电场中，将会引起原静电场的显著改变。为了避免此种情况，本实验采用双层静电场测试仪对静电场进行测量。

1. 双层静电场测试仪的构造及其工作原理

图 3-12-1 所示为双层静电场测试仪。该测试仪分为上、下两层，下层装有电极 A、B 和导电片，上层是一块放置有坐标纸的有机玻璃。两个分别置于上、下两层的探针，通过弹簧片固定在手柄座 C 上，且两个探针保持在同一铅垂线上。下探针较圆滑，靠弹簧片的作用，始终与导电片接触，而上探针较尖细。移动手柄座时，两个探针在上、下两层的运动轨迹是一致的。实验中，移动手柄座，在检流计和电压表的指示下，找到所测等势点时，向下按压上探针，上探针即在坐标纸上扎下一小孔来记录与导电片中位置完全对应的等电势点。

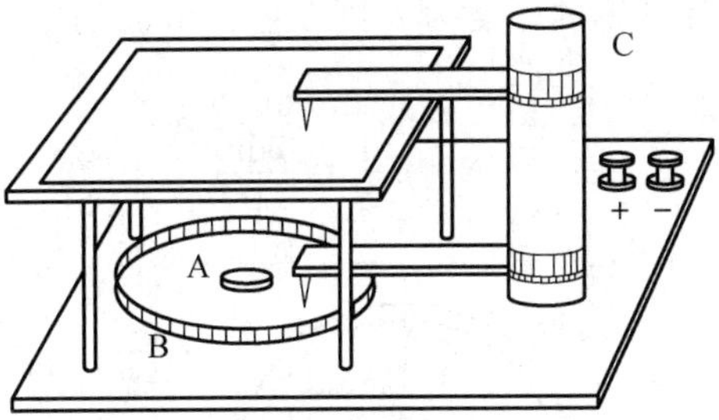

图 3-12-1　双层静电场测试仪

2. 实验理论依据

为了分析实验结果，以两同轴无限长柱状导体之间的电场为例，其截面如图 3-12-2 所示。设电极 A 的半径和电极 B 的半径分别为 a 和 b，每单位长度分别带有电荷 $+\lambda$ 和 $-\lambda$，B 接地，并设 A 的电势为 U_A，B 的电势为零。

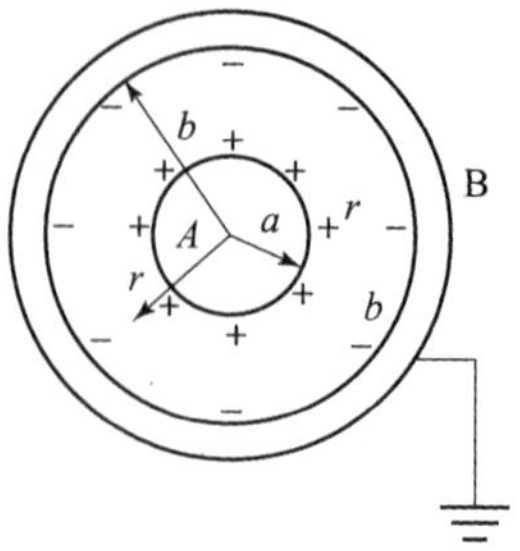

图 3-12-2　两同轴无限长柱状导体之间的电场截面

根据高斯定理，在电极 A、B 之间与距中心轴距离为 r 的任意一点的电场强度大小为

$$E=\frac{\lambda}{2\pi\varepsilon_0 r}(a\leqslant r\leqslant b) \tag{3-12-1}$$

因为 B 接地，电势 $U_B=0$，所以

$$U_r=\frac{\lambda}{2\pi\varepsilon_0 r}\ln\frac{b}{r}(a\leqslant r\leqslant b) \tag{3-12-2}$$

则电极 A 的电势为

$$U_A=\frac{\lambda}{2\pi\varepsilon_0 r}\ln\frac{b}{a} \tag{3-12-3}$$

根据式(3-12-2)和式(3-12-3)，可得

$$U_r=U_A\frac{\ln\frac{b}{r}}{\ln\frac{b}{a}}(a\leqslant r\leqslant b) \tag{3-12-4}$$

下面讨论对应的稳恒电流场。若电极 A、B 之间用均匀的不良导体(如固体板、自来水和单蒸水混合液等)连接或填充，且不改变其几何条件及 A、B 的电势，则接上电源(设输出电压为 U_A)后，不良导体中就会产生从电极 A 以辐射状均匀地流向电极 B 的电流，即在 A、B 之间将形成稳恒电流场。根据欧姆定律的微分形式，得电流密度 $j=\frac{E'}{\rho}$，其中 E' 为不良导体内的电场强度，ρ 为不良导体电阻率。

如图 3-12-3 所示，设不良导体的厚度为 l，则在稳恒电流场中，距中心轴 r 处宽度为 dr 的导电环电阻为

$$\mathrm{d}R=\rho\frac{\mathrm{d}r}{S}=\frac{\rho\mathrm{d}r}{2\pi rl} \tag{3-12-5}$$

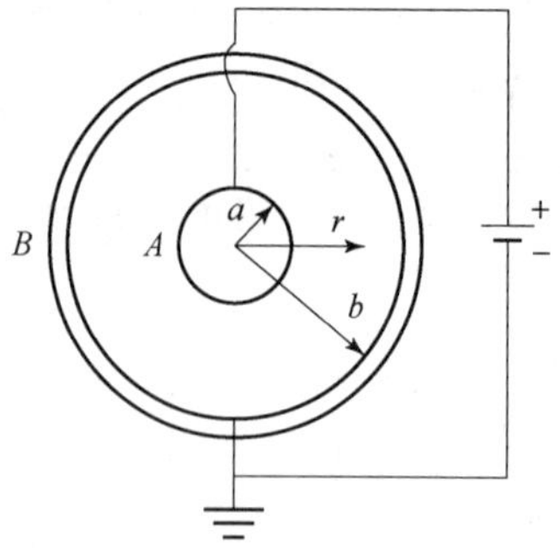

图 3-12-3　不良导体中的电流场

从半径为 r 的圆柱面到半径为 b 的电极 B 之间的电阻为

$$R_{rb}=\int_r^b \frac{\rho \mathrm{d}r}{2\pi r l}=\frac{\rho}{2\pi l}\ln\frac{b}{r} \tag{3-12-6}$$

同理，在电极 A、B 间充满的不良导体的总电阻为

$$R_{AB}=\frac{\rho}{2\pi l}\ln\frac{b}{a} \tag{3-12-7}$$

根据图 3-12-2，设从电极 A 到电极 B 的总电流为 I，根据欧姆定律，有

$$U_{AB}=U_A-U_B=U_A=IR_{AB} \tag{3-12-8}$$

同理，半径为 r 的圆柱面，其电势为

$$U'=IR_{rb}=U_A\frac{R_{rb}}{R_{AB}} \tag{3-12-9}$$

将式(3-12-6)和式(3-12-7)代入式(3-12-9)，可得

$$U'=U_A\frac{\ln\frac{b}{r}}{\ln\frac{b}{a}} \quad (a\leqslant r\leqslant b) \tag{3-12-10}$$

比较式(3-12-10)和式(3-12-4)，可以看到稳恒电流场与静电场的电荷分布是完全相同的。由于稳恒电流场和静电场具有这种等效性，因此，欲描绘静电场的电荷分布，只要描绘相应的稳恒电流场的电荷分布就可以了。

四、实验步骤

模拟描绘两同轴无限长均匀带电圆柱体之间等势线分布。

(1)取一张坐标纸，放在双层静电场测试仪上层的有机玻璃上，用弹簧将坐标纸压住，下层为导电片，即用两同轴无限长柱状导体截面电场模拟电极。

(2)参照图 3-12-4 接线。调节探针，保持下探针与导电片接触良好，且上探针与坐标纸有 1～2 mm 的距离。

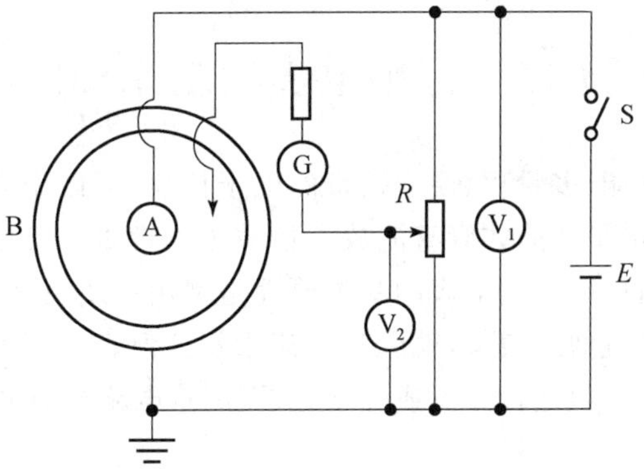

图 3-12-4 模拟电场实验的电路图

(3)接通电源，调节直流稳压电源的输出电压，使电极 A 的电势 $U_A=10.00$ V(参考值)，并记录下来，以后保持不变(设电极 B 的电势为零)。

(4)调节滑动变阻器 R，使电压表 V_2 的读数为 10.00 V，再移动下探针位置，使检流计 G 指针指零(检流计 G 应先调零)，则该点的电势为 10.00 V，用上探针扎孔作标记。

(5)调节滑动变阻器 R,使电压表 V_2 的读数分别为 7.00 V、5.00 V、3.00 V 和 1.00 V,重复步骤(4),每条等势线均匀测 5 个点。

(6)把同一条等势线上的等势点用虚线连起来(注意连线要平滑,同时每条等势线要标明电势值),绘制等势图。

五、数据处理

(1)用 5 个点连成等势线(应是圆),利用目测法确定圆心 O 的位置,即根据等势线的分布利用目测法主观确定一个合适的圆心位置。然后将该圆上的测量点与目测圆心连起来,测量长度求得平均半径 $\bar{r}$。同理,求出各圆的平均半径。

(2)用游标卡尺分别测量电极 A 和电极 B 的半径 a 和 b。

(3)按式(3-12-4)计算各相应半径 r 处的电势的理论值 $U_{理}$,并与实际值比较,计算相对误差。将以上实验数据填入数据表 3-12-1 中。

表 3-12-1　模拟法描绘静电场实验数据

U_A=________ V,a=________ cm,b=________ cm

$U_{实}$/V	10.00	7.00	5.00	3.00	1.00
$\bar{r}$/cm					
$\ln \bar{r}$					
$U_{理}$/V					

(4)根据等势线与电场线相互正交的特点,在等势线图上绘制电场线,使其成为一张完整的两同轴无限长均匀带电圆柱体之间的静电场电荷分布图。

(5)以 $\ln r$ 为横坐标,$U_{实}$ 为纵坐标,绘制 $U_{实}$-$\ln r$ 曲线,并与 $U_{理}$-$\ln r$ 曲线进行比较,分析影响测量结果的各种因素。

实验 13　万用电表的制作和定标

万用电表是一种多功能、多量程、便于携带的电子仪表,可以用来测量直流电流、电压,交流电流、电压,电阻,音频电平和晶体管直流放大倍数等物理量。万用电表由表头、测量线路、转换开关及测试表笔等组成。万用电表的基本原理是利用一块灵敏的磁电式直流电流表(微安表)作为表头,当微小电流通过表头,就会有电流指示。但表头不能通过大电流,所以,必须在表头上并联或串联一些电阻进行分流或降压,从而测量电路中的电流、电压和电阻。

一、实验目的

(1)了解万用电表的结构及其工作原理。

(2)学习万用电表直流电流挡、直流电压挡和电阻挡的设计和制作。

(3)学会校准万用电表。

二、实验仪器

本实验所用仪器包括表头($I_g=100\ \mu A$,R_g 约为 3 Ω)及元件一套、微安表(0～200 μA、0.5级)、毫安表(0～150 mA、0.5 级)、滑动变阻器、直流电源、导线等。

三、实验原理

万用电表是一种多功能、多量程、便于携带的电子仪表,可以在几个不同量程内测量直流电流、直流和交流电压、电阻,有的万用电表还可检测晶体管特性等。常用的万用电表是以一块磁电式电流表(微安表)为核心组装而成的。目前,数字式万用电表应用逐渐增多,由于其功能较全,因此在实验调试、故障检查工作中使用它非常方便。

如图 3-13-1 所示,万用电表直流电流挡就是将表头(微安表)的量程扩大,使其改装为多量程的毫安表。设表头的量程(即灵敏度)为 I_g,若将它的量程扩大为 I,则须将一低值电阻 R_S(通常称为分流电阻)和它并联,使大部分电流 $I-I_g$ 从 R_S 流过。根据电路并联两端的电压相等,有 $I_gR_g=(I-I_g)R_S$。

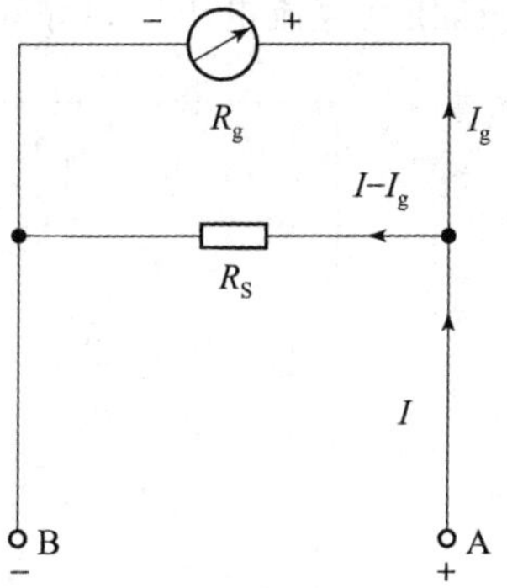

图 3-13-1　表头(微安表)分流扩程原理

整理后可得

$$IR_S=I_g(R_g+R_S) \tag{3-13-1}$$

按照此思路也可以实现直流电压挡和电阻挡的设计。

四、实验步骤

1. 直流电流挡的设计

在多量程式的电流表和万用电表直流电流挡的设计中,常将 R_S 设置为由多个电阻 R_1、R_2、R_3 等串联组成的形式,并从其中抽出若干个抽头式分流电路。直流电流挡电路图如图 3-13-2 所示。

在实验中,考虑到万用电表测量电流、直流电压、直流电阻和交流电压的需要,把 R_S 设置为由 6 个电阻串联组成的形式,即 $R_S=R_1+R_2+R_3+R_4+R_5+R_6$,根据式(3-13-1)有

$$U=I_g(R_g+R_S) \tag{3-13-2}$$

式中,U 为表头回路电压,只要 U 的数值确定,即可根据量程求得 R_S。同样可以求出各个分隔电阻的值。一般万用电表的回路电压取 $U_0=750$ mV。

图 3-13-2 中 I_1、I_2、I_3分别为扩大的直流电流挡,抽头点 I_5 用于测量直流电压,抽头点 I_g 用于测量电阻,抽头点 I_6 用于测量交流电压。

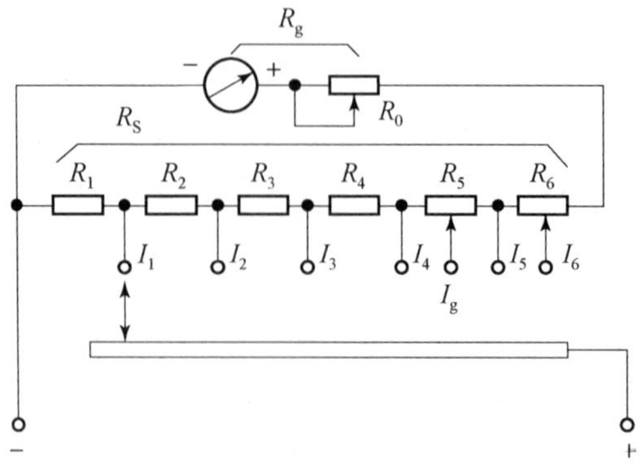

图 3-13-2　直流电流挡电路图

2. 直流电压挡的设计

利用串联电路的分压作用，可以扩大表头的电压量程，而电压表就是用一只高电阻与一块表头串联而成，如图 3-13-3 所示。串联电阻 R_M 也称倍率电阻。在直流电压挡的设计中，根据所要扩大的量程 U，其所需的 R_M 值可根据表头的内阻 R_g 和表头的电压量程 $U_g=I_gR_g$ 计算出来。图 3-13-4 所示虚线框中部分，便是直流电压挡的等效表头，R_7、R_8 为扩程电阻。

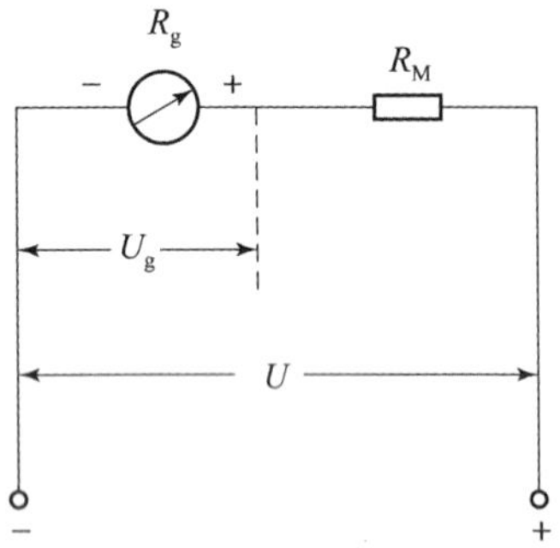

图 3-13-3　直流电压挡电路原理图

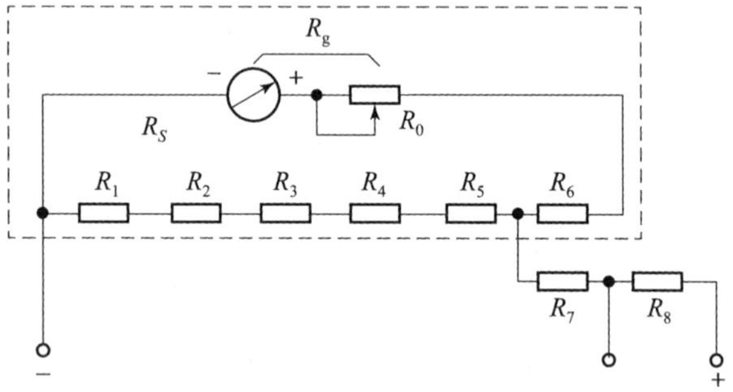

图 3-13-4　直流电压挡实际电路图

3. 直流电阻挡的设计

直流电阻挡电路图如图 3-13-5 所示，其中 E 为干电池电动势(忽略其内阻)，R_g 为限流电阻，a、b 端为两接线柱(表笔插孔)，用以接入被测电阻 R_x。当 R_x 接入 a、b 两端时，由全电路欧姆定律可得

$$I_g=\frac{E}{R_g+R_D+R_x} \tag{3-13-3}$$

由式(3-13-3)可见，当 E、R_g、R_D 给定时，I_x 与 R_x 有一一对应的关系，即表头的指针偏转大小与被测电阻 R_x 的大小是一一对应的。这样在表头刻度上标出与电流对应的 R_x 值，即成为一个直流电阻挡。由式(3-13-3)还可知，当 $R_x=0$，即 a、b 两端短路时，回路中的电流 I_x 取得最大值，此时调节 R_D 使表头指针偏转为满度，流入等效表头的等效电流为

$$I_g=\frac{E}{R_g+R_D} \tag{3-13-4}$$

而当 $R_x=R_g+R_D$ 时，流入等效表头的等效电流为 $\frac{I_g}{2}$，此时表头指针指在刻度的中间位置，因此，把 R_g+R_D 称为直流电阻挡的中值电阻 $R_中$，则式(3-13-4)可写为

$$I_g=\frac{E}{R_{中}} \tag{3-13-5}$$

把式(3-13-5)代入式(3-13-3)，有

$$I_x=\frac{E}{R_{中}+R_x}=\frac{R_{中}}{R_{中}+R_x}I_g \tag{3-13-6}$$

由于 $R_{中}$ 与 I_g 都是确定的值，因此，I_x 随 R_x 的变化作非线性变化。当 $R_x=0$(即 a、b 两端短路)时，$I_x=I_g$，表头的指针指在满刻度处；当 $R_x=\infty$(即 a、b 两端开路)时，$I_x=0$，表头的指针指在零位，即不偏转。当 $I_x=\frac{I_g}{2}$ 时，表头的指针指在表盘的中心。可见，当被测电阻由零逐渐增大，直至趋近于∞时，表头指针由满刻度处移动到零位，所以直流电阻挡的表盘刻度与直流电流挡的表盘刻度方向相反。原则上，直流电阻挡的每一挡都可测量任意阻值的电阻，但由于当 $R_x\gg R_{中}$ 或 $R_x\ll R_{中}$ 时，I_x 随 R_x 的变化不明显，因而测量误差很大，只有当 R_x 接近 $R_{中}$ 时，即指针指在表盘标度尺中心附近时，测量才较准确。因此，实际的直流电阻挡都设计成多量程形式，每个量程的 $R_{中}$ 都不同，使其可取得不同的测量范围。在上面讨论中，把 E 看作了常量，实际上干电池电动势是变化的，此时，如果将 a、b 两端短路，指针就不会指在零刻度线，这一现象称为直流电阻挡的零点偏移，这将使测量不准确。因此，直流电阻挡必须装有调零电路，使指针调回零刻度线处。实际中直流电阻挡常用的调零电路如图 3-13-5所示，通过改变等效表头满度电流来达到调零要求。直流电阻挡电路图如图 3-13-6 所示。

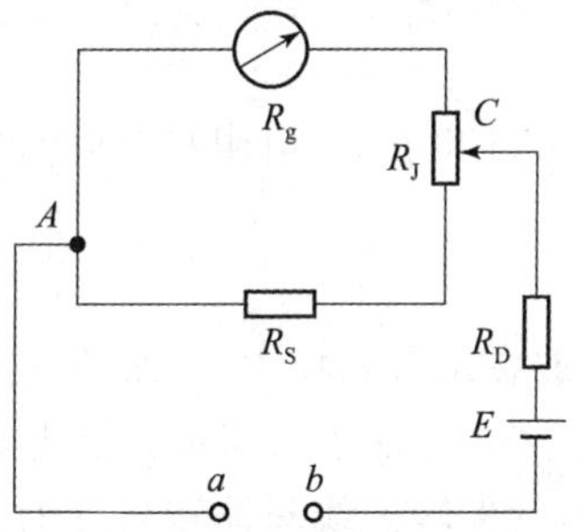

图 3-13-5 直流电阻挡电路图

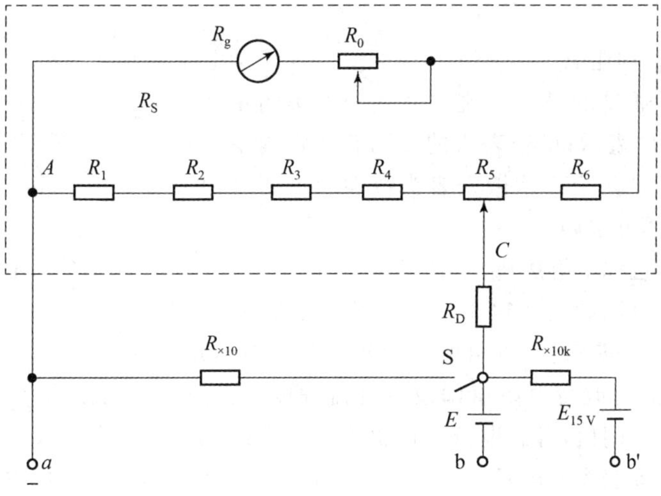

图 3-13-6 直流电阻挡电路图

五、数据处理

自拟表格，记录实验数据，并按要求完成数据处理。

实验14　电表的改装与校准

电表在电学测量中有着广泛应用，因此，了解电表和使用电表就显得十分重要。电流表(微安表头)由于构造的原因，一般只能测量很小的电流和电压，如果要用它来测量较大的电流或电压，则必须进行改装，以扩大其量程。万用电表就是利用不同的改装方式，通过转换开关使表头成为一个多功能、多量程的电表，在电路测量和故障检测中得到广泛应用。

一、实验目的

(1)掌握测量电表表头内阻 R_g 及满度电流 I_g 的方法。

(2)掌握将微安表头改装成较大量程的电流表和电压表的方法。

(3)学会校准电流表和电压表。

(4)掌握将微安表头改装成欧姆表的方法。

(5)学会用电阻器校准欧姆表，并根据校准曲线用组装好的欧姆表测量未知电阻。

二、实验仪器

本实验所用仪器包括微安表头(100 μA)、电阻箱、标准电流表、标准电压表、工作电源。

三、实验原理

常见的磁电式电流表主要由放在永久磁场中(由细漆包线绕制)的可转动线圈、用来产生机械反力矩的游丝、指示用的指针和永久磁铁所组成。当电流通过线圈时，载流线圈在磁场中产生磁力矩，使线圈转动并带动指针偏转。线圈偏转角度的大小与线圈通过的电流大小成正比，所以可由指针的偏转角度直接指示出电流值。而其中只允许通过很小电流(微安量级)的电流表称为表头。

1. 测量量程 I_g、内阻 R_g

微安表头允许通过的最大电流称为微安表头的量程，也称满度电流，用 I_g 表示；微安表头的线圈有一定内阻，用 R_g 表示。I_g 与 R_g 是两个表示微安表头特性的重要参数。测量内阻 R_g 的常用方法如下。

(1)半电流法(也称中值法)。

中值法测量原理图如图3-14-1所示。当微安表头接在电路中时，先使微安表头满偏，再用十进位电阻箱 R 与其并联作为分流电阻，此时改变电阻值即改变分流程度。当微安表头指针指示到中间值，且总电流强度仍保持不变时，分流电阻值就等于微安表头的内阻。

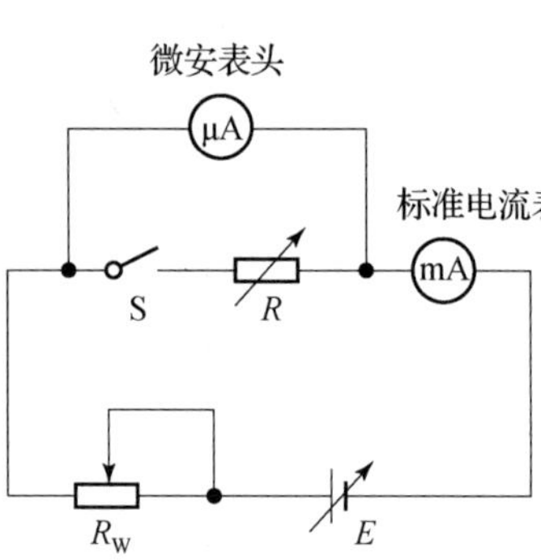

图3-14-1　中值法测量原理图

(2)替代法。

替代法是一种应用很广泛的测量方法,具有较高的测量准确度。其测量原理图如图 3-14-2 所示。当微安表头接在电路中时,调节 R_W 使微安表头和标准电流表有一定的读数,然后用十进位电阻箱 R 替代微安表头,改变十进位电阻箱 R 的电阻值,保持电路中的电源电压不变,当标准电流表的读数与原读数相同时,电阻箱的电阻值 R 就等于微安表头的内阻。

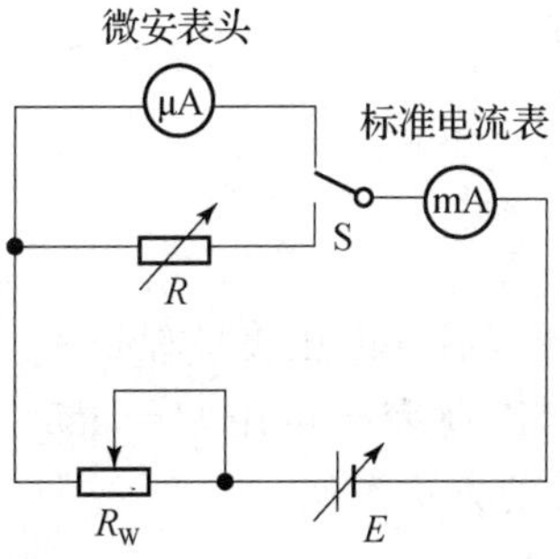

图 3-14-2 替代法测量原理图

2. 改装微安表头为大量程电流表

根据电阻并联规律可知,如果在表头两端并联一个阻值适当的电阻 R,如图 3-14-3 所示,则可使表头不能承受的那部分电流从 R 上分流通过。这种由微安表头和并联电阻 R 组成的整体(图中虚线框中的部分)就是改装后的电流表。若需将量程扩大 n 倍,则不难得出

$$R=\frac{R_g}{n-1} \tag{3-14-1}$$

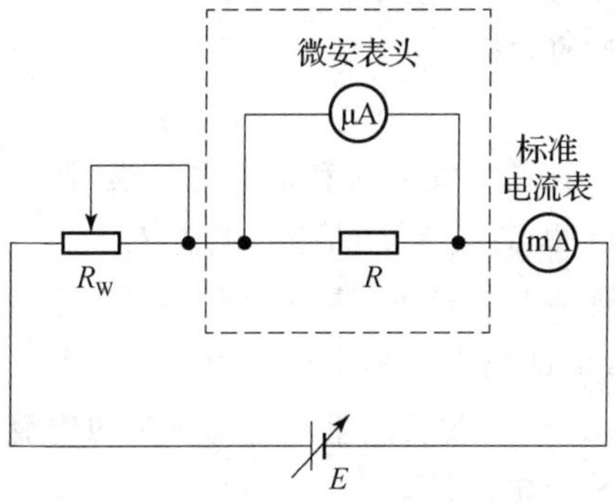

图 3-14-3 改装电流表的电路原理图

可见,在表头上并联阻值不同的分流电阻,便可制成多量程的电流表。

表头改装后要进行校准。用滑动变阻器 R_W 改变电流,分别读出改装后微安表头和标准电流表的读数,求出绝对误差 ΔI,找到各刻度下绝对误差的最大值 ΔI_{max},即可对改装电流表进行定标,即

$$\gamma=\frac{\Delta I_{max}}{I}\times 100\%=\alpha\% \tag{3-14-2}$$

式中,α 为电流表的精度等级。

3. 改装微安表头为电压表

表头能承受的电压一般很小,约为零点几伏,若使其用于测量较大的电压,则需串联一阻

值很大电阻 R_M 为其分压，如图 3-14-4 所示。这种由微安表头和串联电阻 R_M 组成的整体就是改装后的电压表，串联的电阻 R_M 称为扩程电阻。选取不同大小的 R_M，就可以得到不同量程的电压表。

表头两端的电压 $U_g=I_gR_g$，电阻 R_M 两端电压 $U_M=I_gR_M$，总电压 $U=U_g+U_M$，所以扩程电阻为

$$R_M=\frac{U}{I_g}-R_g \tag{3-14-3}$$

令 $n=\frac{U}{U_g}$，则式(3-14-3)可写为

$$R_M=(n-1)R_g$$

式中，n 为电压放大系数，它表示改装后的电压表量程是表头满偏电压的 n 倍。n 为一定值，因此表头可用 $U=nU_g$ 重新刻度，校准方式与校准电流表的方法类似。

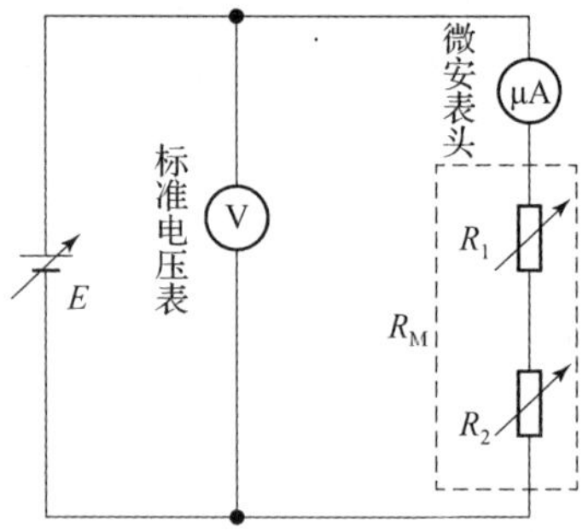

图 3-14-4　改装电压表的电路原理图

四、实验步骤

1. 用中值法测量微安表头的内阻 R_g

(1)参照图 3-14-1 接线。

(2)将 E 调至 0 V，开关 S 处于断开状态，调节 E 与 R_W 使微安表头满偏，记录标准电流表的读数，此值即为微安表头的满度电流 I_g。

(3)闭合开关 S，接入电阻箱 R，改变 R 数值，使微安表头指针从满度 100 μA 降低到 50 μA 处，此时电阻箱阻值 R 即等于 R_g。注意调节 E 或 R_W，使标准电流表的读数保持不变。

2. 用替代法测量微安表头的内阻 R_g

(1)参照图 3-14-2 接线。

(2)将 E 调至 0 V，接通 E、R_W、微安表头和标准电流表，调节 E 与 R_W 使微安表头满偏，记录标准电流表的读数，此值即为被改装表头的满度电流 I_g。

(3)断开微安表头接线，换接电阻箱 R，调节 R 使标准电流表的电流保持在步骤(2)所记录的数值，此时电阻箱 R 的数值即为微安表头内阻 R_g。

3. 将一个量程为 100 μA 的表头改装成量程为 1 mA 的电流表

(1)根据式(3-14-1)计算分流电阻值。

(2)参照图 3-14-3 接线。根据电路参数估计电源电压 E 的大小，先将电源电压 E 调至 0 V，再调节电源电压 E 和滑动变阻器 R_W，使表头满偏，记录此时标准电流表的读数。注意：R_W 作为限流电阻，阻值不要调至最小值。

(3)以 0.2 mA 为步长，逐步减小表头读数直至为零，再按同一步长逐步增大到满量程，每次记下标准电流表相应的读数。

(4)以表头读数为横坐标，以表头与标准电流表的读数差值 ΔI 为纵坐标，在坐标纸上作出改装后电流表的校正曲线，并根据两表最大误差的数值定标改装后电流表的精度等级。

4. 将一个量程为 100 μA 的表头改装成量程为 1.5 V 的电压表

(1)根据式(3-14-3)计算扩程电阻 R_M 的阻值。

(2)参照图 3-14-4 接线。根据电路参数估计电源电压 E 的大小，调节电源电压 E 和十进

位电阻箱 R，使表头的指针指到满刻度处，记录标准电压表的读数。

(3)以 0.3 V 为步长，逐步减小表头读数直至为零，再按同一步长逐步增大到满量程，每次记下标准电压表相应的读数。

(4)以表头读数为横坐标，以表头与标准电压表的读数差值 ΔU 为纵坐标，在坐标纸上作出改装后电压表的校正曲线，并根据两表最大误差的数值定标改装后电压表的精度等级。

五、数据处理

自拟表格，记录实验数据，并按要求进行数据处理。

实验 15　RLC 串联电路特性的研究

RLC 电路是指由电阻(R)、电感(L)、电容器(C)组成的电路，也称二阶电路。该电路中的电压或电流是一个二阶微分方程的解，而其系数由电路结构决定。若 RLC 电路中各元件都为线性元件，则该电路可视为电子谐波振荡器，因此，它常用来作为带通滤波器或带阻滤波器。RLC 电路的组成结构可分为串联型及并联型两种。在 RLC 串联电路中，3 个元件均与电压以串联方式连接，且各元件上的电压满足基尔霍夫电压定律。

一、实验目的

(1)观察 RLC 串联电路的谐振现象。

(2)测绘 RLC 串联电路的谐振曲线。

(3)了解电路的品质因数 Q 的物理意义及计算方法。

二、实验仪器

本实验所用仪器包括信号发生器、示波器、交流毫伏表、电阻箱、标准电容箱、标准电感、导线。

三、实验原理

谐振现象在无线电技术中应用广泛。例如，广播电台以不同频率的电磁波向空间发射电信号，而收音机利用谐振电路挑选所需要的信号。

1. RLC 串联电路的谐振现象

(1)谐振频率 f_0。

若将电阻为 R_L 的电感 L 和电容器 C 串联后加上交变电压，则电容器 C 和电感 L 两端的阻抗与电压的角频率有关。在图 3-15-1 所示电路中，设 A、B 两端的总阻抗为 Z，则有

$$Z=\sqrt{R^2+\left(\omega L-\frac{1}{\omega L}\right)^2} \tag{3-15-1}$$

其交流电压 U 与电流 I(U、I 均为有效值)的关系为

$$I=\frac{U}{Z}=\frac{U}{\sqrt{R^2+\left(\omega L-\frac{1}{\omega C}\right)^2}} \tag{3-15-2}$$

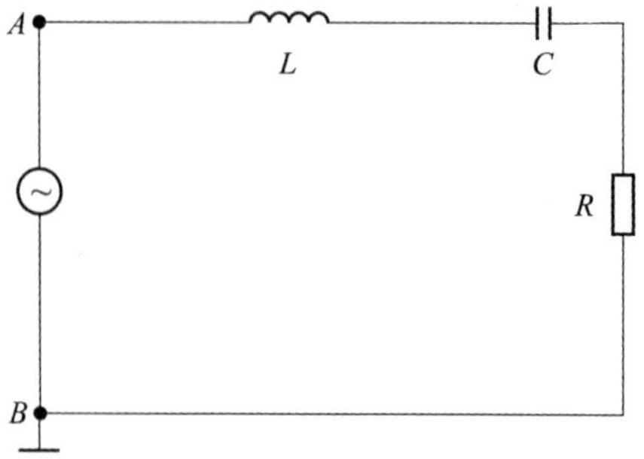

图 3-15-1 RLC 串联电路图

RLC 串联电路电压与电流相量图如图 3-15-2 所示。其中纯电阻 R 两端的电压与流过它的电流同相位[见图 3-15-2(a)]；纯电容 C 两端的电压与流过它的电流有一个 90°的相位差，且电压落后于电流[见图 3-15-2(b)]；纯电感 L 两端的电压与流过它的电流也有一个 90°的相位差，且电压超前于电流[见图 3-15-2(c)]。总电压与电流的相位差为

$$Z=\arctan\frac{U_L-U_C}{U_R}=\arctan\frac{\omega L-\dfrac{1}{\omega C}}{R} \tag{3-15-3}$$

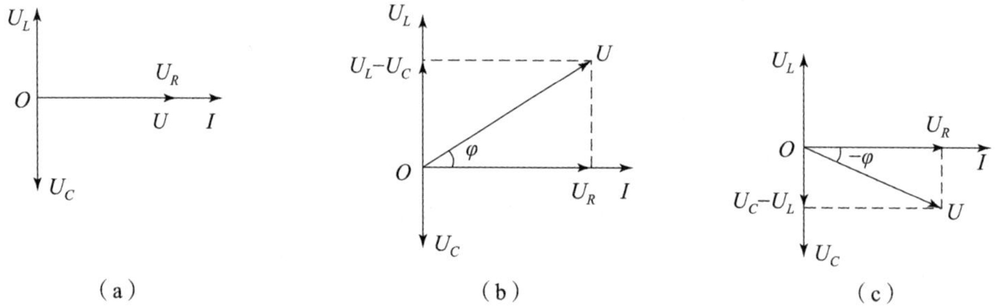

图 3-15-2 RLC 串联电路电压与电流相量图

由式(3-15-1)和式(3-15-3)可知，Z 和 φ 都是 ω(即 $2\pi f$)的函数；由式(3-15-2)可知，当总电压 U 保持不变时，总电流 I 也是 ω(即 $2\pi f$)的函数。若以 f 为横坐标，I 为纵坐标，则可画出电流的频率特性曲线(也称电路的幅频特性曲线)，如图 3-15-3 所示。

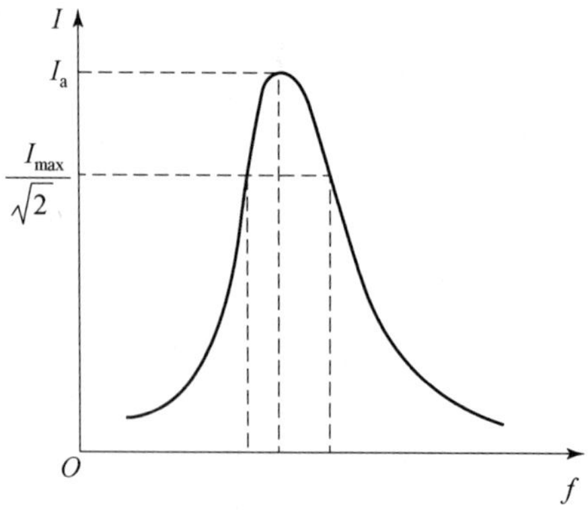

图 3-15-3 RLC 串联电路的幅频特性曲线

由式(3-15-1)可知，若 $\omega=\omega_0$ 满足关系式

$$\omega_0 L - \frac{1}{\omega_0 C} = 0 \tag{3-15-4}$$

则 $\varphi=0$，即总电压与电流同相位，此时电路的总阻抗有一极小值，且 $Z_{\min}=R$；而电流有一极大值，$I_{\max}=\frac{U}{R}$。这种现象称为谐振现象。

满足式(3-15-4)的 ω_0 是电路的固有角频率，也称谐振角频率，相应的 f_0 称为电路的固有频率，也称谐振频率。由式(3-15-4)可得

$$\omega_0 = \frac{1}{\sqrt{LC}} \tag{3-15-5}$$

$$f_0 = \frac{\omega_0}{2\pi} = \frac{1}{2\pi\sqrt{LC}} \tag{3-15-6}$$

(2)电路的品质因数 Q。

为了描绘谐振电路的性能，引进一个物理量 Q，称为电路的品质因数，并定义其数值为谐振时纯电感两端的电压与总电压数值之比，即

$$Q = \frac{U_L}{U} = \frac{\omega_0 L}{R} \tag{3-15-7}$$

式中，R 为 RLC 串联电路的总电阻，即电阻箱阻值与电感内阻 R_L 的和。由图 3-15-2(b)可知，谐振时，纯电容两端的电压与纯电感两端的电压数值相等，即 $U_L=U_C$，故 Q 也可由下式求得，即

$$Q = \frac{U_C}{U} = \frac{1}{\omega_0 CR} \tag{3-15-8}$$

Q 的物理意义如下。

①谐振时，电容电压 U_C 或电感电压 U_L 是总电压的 Q 倍。如果 $Q \gg 1$，则 U_C 和 U_L 可以远大于 U，故 RLC 串联谐振又称电压谐振。

②标志谐振电路的频率选择性。图 3-15-3 所示曲线又称谐振曲线。谐振时，曲线有一尖峰，尖峰的尖锐程度标志着谐振电路的频率选择性。通常规定 $I=\frac{I_{\max}}{\sqrt{2}}$ 所对应的两个频率 f_1 和 f_2 的差为通频带宽度，以 Δf 表示，即 $\Delta f = f_2 - f_1$。可以证明 Δf，f_0 与 Q 有如下关系，即

$$\Delta f = \frac{f_0}{Q} \tag{3-15-9}$$

可见，Q 值越大，通频带宽度就越狭窄，曲线就越尖锐，这说明谐振电路的频率选择性越好。

2. 谐振频率 f_0 的测量

通过测量 I-f 曲线，找到 $I_{\max}$ 所对应的 f 即为 f_0。

测量 I-f 曲线的电路图如图 3-15-4 所示，其中"$\underset{\sim}{\mathrm{mV}}$"为交流毫伏表。当开关 K 闭合向 2 时，交流毫伏表读数为总电压 U；当 K 闭合向 1 时，交流毫伏表读数为 U_R。改变信号发生器的频率，测出不同 f 所对应的 U_R。测量过程中，总电压要保持不变，即每次测量时，都要先把 K 闭合向 2，调节总电压为一定值，然后再把 K 闭合向 1，测量 U_R。

当 U_R 处于极大值 $U_{R\max}$ 时，电流 I 也处于极大值 $I_{\max}$，此时电路处于谐振状态，故 $U_{R\max}$ 对应的频率即为 f_0。

以 f 为横坐标，U_R 为纵坐标即可作出 U_R-f 曲线。

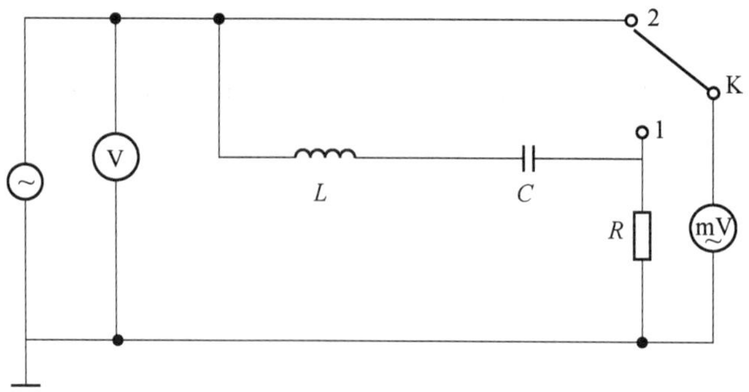

图 3-15-4 测量 I-f 曲线的电路图

3. Q 值的计算。

(1)(电压)谐振法。调节电路处于谐振状态,用交流毫伏表测出电容或电感两端的电压 U_C 或 U_L,以及总电压 U,利用式(3-15-7)或式(3-15-8)即可求出 Q 值。

(2)频带宽度法。测量出 I-f 曲线后,由曲线求出 Δf 及 f_0,利用式(3-15-9)即可求出 Q 值。

以上两种方法计算出的 Q 值是一样的,但精确度不相同。(电压)谐振法适用于 Q 值较大的电路,频带宽度法适用于 Q 值较小的电路。

四、实验步骤

(1)测量 I-f 曲线。参照图 3-15-4 接线,取 $L=0.100\ 0$ H,$C=0.300\ 0$ mF,$R=50.0\ \Omega$。

(2)调节信号源频率为 100 Hz,把 K 闭合向 2,调节电压输出为 1.0 V(在测量过程中始终保持此值不变),然后再把 K 闭合向 1,测量此时的 U_R。

(3)改变信号源频率,使频率从 $f=100$ Hz 开始,到 $f=3\ 000$ Hz 为止,进行同样的测量。在谐振点附近应多测一些点,可每隔 50 Hz 或 20 Hz 测一个点;在远离谐振点时可每隔 100~200 Hz 测一个点;当 $f=1\ 500$ Hz 后,可每隔 300~500 Hz 测一个点。

(4)以 f 为横坐标,U_R 为纵坐标,绘出 U_R-f 曲线(即 I-f 曲线),并在图中标出 f_0、f_1 和 f_2。

(5)求出频带宽度 Δf 及 Q 值,计算 f_0 及 Q 的理论值,并与实验值比较。

五、数据处理

自拟表格,记录实验数据,并按要求进行数据处理。

实验 16 用箱式电位差计校准电表

一、实验目的

(1)了解箱式电位差计的结构和工作原理。

(2)学会正确使用箱式电位差计。

(3)应用箱式电位差计校准电压表(或电流表)。

二、实验仪器

本实验所用仪器包括 UJ33a 型箱式电位差计、被校准电压表(或电流表)、100 Ω 和 1 000 Ω 的滑动变阻器、10 Ω 标准电阻、电阻箱、直流稳压电源、导线若干。

三、实验原理

电表经长期使用和保存,各元件参数会发生变化(如电阻老化、磁性减弱、金属部分锈蚀等),转动部分(主要是轴尖和轴承)会发生磨损。如果电表保存不妥善(如受潮)或使用不当(如过负荷,运输受振等),则会损坏电表特性,其准确度将降低,特别是在读数产生大偏差的情况下。因此,对电表必须进行定期检查,对误差大者要及时检修,而对误差小者可以校准后使用。在实验室通常用箱式电位差计来校准电表,并作出校准曲线,以消除误差。

1. 箱式电位差计的工作原理

箱式电位差计是用来精确测量电池电动势或电压的专门仪器,它依据补偿原理并采用电势比较法制成,能给出准确的可变电压。箱式电位差计工作原理电路图如图 3-16-1 所示,使用之前需校准。

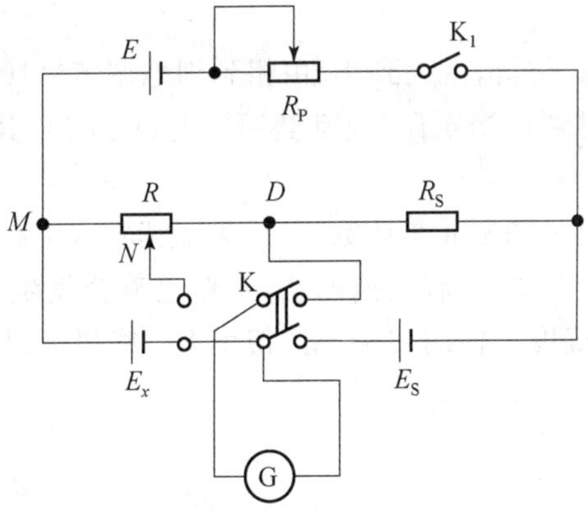

图 3-16-1　箱式电位差计工作原理电路图

校准:闭合开关 K_1,将开关 K 扳向右边,仔细调节滑动变阻器 R_P,使工作电流 I_0 在标准电阻 R_S 上产生的电压降精确等于标准电动势 E_S,其中 $E_S=I_0R_S$,此时检流计 G 指针便指向零。电路获得准确的工作电流 I_0 后,保持滑动变阻器 R_P 不动。

测量 E_x:将开关 K 扳向左边,调节滑动变阻器 R,使工作电流 I_0 在电阻 R_{MN} 上产生的电压降 U_{MN} 等于被测电压值 E_x,这时 $E_x=I_0R_{MN}$。检流计 G 指针指零。

实验中,E_S、I_0、R_S 三个数据为已知,而 R_{MN} 的大小也可由滑动变阻器读出,所以有关系式:

$$E_x=I_0R_{MN}=\frac{R_{MN}}{R_S}E_S \tag{3-16-1}$$

2. UJ33a 型箱式电位差计

UJ33a 型箱式电位差计面板如图 3-16-2 所示,它是一种携带式直流电位差计,所需工作电源和标准电池均装在箱体内,无须外接。各部分分别为:①“未知”(被测电压 E_x)接线柱;②“倍率 K_1”旋钮;③检流计“调零”旋钮;④“测量/输出”旋钮 K_3;⑤扳键开关 K_2;⑥“工作电流调节”变阻器 R_p(由粗调和细调两个变阻器串联组成);⑦×10 和×1 两个步进盘(Ⅰ盘和Ⅱ盘);⑧×0.1(mV)步进盘(Ⅲ盘);⑨晶体管放大检流计。其使用方法如下。

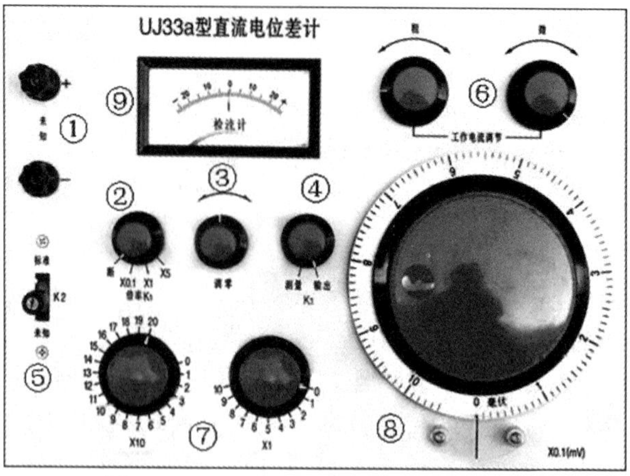

图 3-16-2 UJ33a 型箱式电位差计面板

(1)“倍率 K_1”旋钮从“断”位置旋到所需倍率，接通电源，2 min 后调节检流计“调零”旋钮，使检流计指针指零。被测电压(电动势)按极性接入“未知”接线柱，将“测量/输出”旋钮旋至“测量”位置，扳键开关扳向“标准”位置，调节“工作电流调节”变阻器的“粗”“微”旋钮，直到检流计指零。

(2)扳键开关扳向“未知”位置，由大到小、由粗到细地调节×10、×1 和×0.1(mV)三个步进盘，使检流计指零，即可得到被测电压(电动势)值 U_x(或 E_x)，其数值为 3 个步进盘的读数与倍率乘积之和，即

$$U_x=[(\text{Ⅰ盘读数}\times10+\text{Ⅱ盘读数}\times1+\text{Ⅲ盘读数}\times0.1)\times\text{倍率}]\ (\text{mV})$$

箱式电位差计在测量过程中，随着电池消耗，工作电流会发生变化，因此，若连续使用，则要经常校准，以提高测量精确度。使用完毕，将“倍率 K_1”旋钮旋回“断”位置，以免内附干电池无故放电。

四、实验步骤

1. 校准电压表

(1)取一个量程为 1 μV 的电压表，从大到小选 10 个刻度值点进行电压校准。

(2)校准电压表测量电路图如图 3-16-3 所示。其中 R_P 及 R_0 分别为 100 Ω、1 000 Ω 的滑动变阻器，V 为被校电压表，调节滑动变阻器 R_0 的分压输出，使被校电压表由大到小分别指示在所选定的校准点，同时记录电压表的示值 U 和箱式电位差计的示值 U_x。定义 $\Delta U=U-U_x$，找出 ΔU 的最大绝对值，以便确定被校电压表的精度等级。设仪表的精度等级为 α，仪表的最大绝对误差为 ΔX_{max}，仪表的上限值为 X_n，则有

$$\alpha\%=\frac{\Delta X_{max}}{X_n}\times100\% \tag{3-16-2}$$

而本实验中，精度等级为

$$\alpha\%=\frac{\Delta U_{max}}{1\ \mu V}\times100\%$$

(3)以 U 为横坐标，ΔU 为纵坐标，画出 ΔU-U 曲线，该曲线即为电压表校准曲线，也称误差曲线。注意校准曲线应是一条由各数据点连接成的折线。考虑到校准的特殊性，在计算 ΔU 时应多取 1 位有效数字，即保留到小数点后第 3 位，否则无法体现校准本身的精确性。

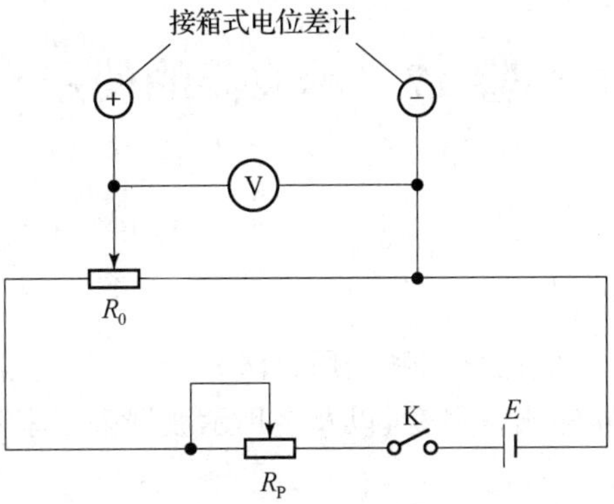

图 3-16-3　校准电压表测量电路图

2. 校准电流表

(1)取一个量程为 100 mA 的电流表,从大到小选 10 个刻度值点进行电流校准。

(2)校准电流表测量电路图如图 3-16-4 所示。为了能精确调节电流,R_P 用电阻箱代替,并将被校电流表 A 与 10 Ω 标准电阻 R_S 串联,当电流表示值为 I 时,用箱式电位差计测量出 R_S 两端的电压 U_S,则流过 R_S 的电流为 $I_S=\frac{U_S}{R_S}$。由于箱式电位差计对电路无分流作用,因此,I_S 为实际流过电流表的电流。定义 $\Delta I=I-I_S$,找出 ΔI 的最大绝对值,以便确定被校电流表的精度等级。

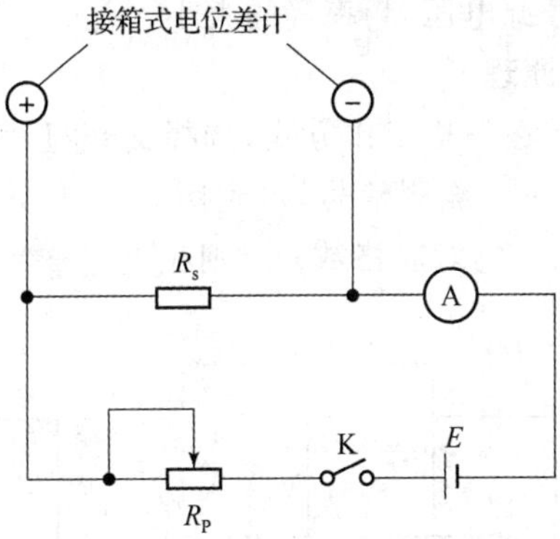

图 3-16-4　校准电流表测量电路图

(3)以 I 为横坐标,ΔI 为纵坐标,画出 ΔI-I 曲线,该曲线即为电流表校准曲线。

五、数据处理

将实验数据填入表 3-16-1(也可自拟表格并记录实验数据)。根据所测量的数据画出电压表的校准曲线,并确定其精度等级,分析实验误差。

表 3-16-1　校准电压表实验数据

次数	1	2	3	4	5	6	7	8	9	10
U/V										
U_x/mV										
ΔU/mV										

实验 17　示波器的使用

一、实验目的

(1)了解示波器的结构和原理。

(2)掌握示波器各旋钮、按键的作用和使用方法。

(3)学会利用信号发生器输出信号源,以及使用示波器采用李萨如图法测量相位差。

二、实验仪器

本实验所用仪器包括 DS1074 型示波器、DG1022U 型信号发生器、电源、导线。

三、实验原理

1. 示波器的工作原理

示波器一般由示波管、扫描信号发生器、信号输入和放大系统、同步系统及电源五个部分组成。示波管左端为电子枪,右端为荧光屏。电子枪加热后发射电子束,电子在阳极电压的作用下加速、聚焦后打在荧光屏上,激发屏上的荧光物质发光,形成亮点。可以根据显示在荧光屏上波的形状、幅度来判断信号源电压、频率等的大小。

2. 用示波器测量相位差的原理

(1)双踪法。使示波器工作在扫描工作方式,选择交替显示,调节两条扫描线重合。在示波器的两个输入通道分别输入一个被测信号,得到图 3-17-1 所示的双踪法波形图,读出一个信号周期 T 所占的格数 n_T 及 Δt 的对应格数 $n_{\Delta t}$,则相位差 $\varphi=2\pi n_{\Delta t}/n_T$(以弧度为单位)。

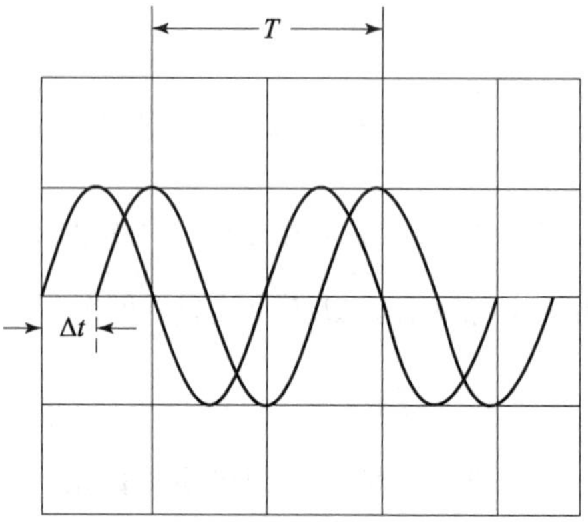

图 3-17-1　双踪法波形图

(2)李萨如图形法。使示波器工作在 X-Y 工作方式,分别把两个被测信号输入到 X 轴偏转板和 Y 轴偏转板,然后移相,即可得到图 3-17-2 所示的李萨如图形。从示波器荧光屏上读出 A 和 B 的值(格数),则信号的相位差 $\varphi=\arcsin(B/A)$;如果图形的长轴在第二、四象限,则 $\varphi=\pi-\arcsin(B/A)$。

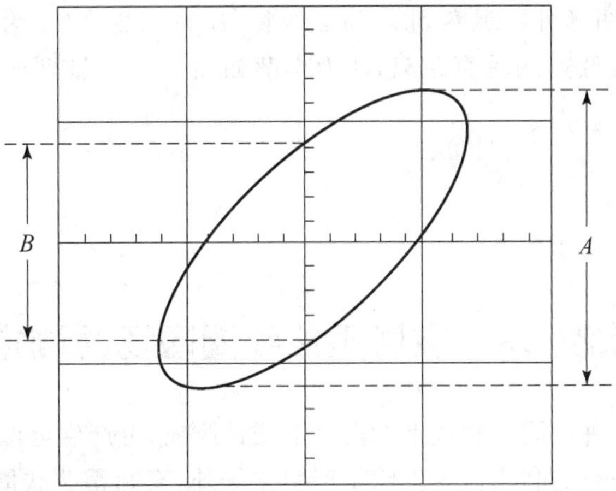

图 3-17-2　李萨如图形

四、实验步骤

(1)连接好实验器材与电源，分别连接 CH1、CH2 输出端及相应输入端。

(2)打开信号发生器和示波器，选择正弦波。按频率键，旋转信号发生器右上角的大旋钮，调节频率为 1 kHz；再按幅值键，同样旋转信号发生器右上角的大旋钮，调节幅值为 5.0V_{pp}。然后按信号发生器上的 Output 键输出 CH1，随后在示波器上按下 AUTO 键，再按下 CH1 输入端的按钮，示波器荧光屏即可显示 CH1 信号的波形图。◁ POSITION ▷旋钮可以调整波形图左右移动，⇕ POSITION 旋钮可以调整波形图上下移动；◁ SCALE ▷旋钮可以改变周期倍率，⇕ SCALE 旋钮可以改变幅值倍率。V_{pp}＝峰峰格数×幅值倍率，T＝周期格数×周期倍率(峰峰格数即为波峰与波谷垂直距离的格数，周期格数即为相邻最近的一个完整周期的波长格数)。在此实验中调节幅值倍率为 2.0 V，周期倍率为 200 Hz，随后将波形图尽量移到中心，使一波峰在 y 轴上对称，并使波峰切于任意平行于 x 轴的格线，这样可方便数出峰峰格数为 2.5 格，周期格数为 5.0 格。

(3)关闭 CH1 的输出端和输入端，打开 CH2 的输出端和输入端，重复步骤(2)，所得的数据应与 CH1 相同，这是因为 CH1 和 CH2 的输出频率和幅值均相同。

(4)在示波器上按下 AUTO 键，再分别按下 CH1 键和 CH2 键并观察单一图形，随后通过调节⇕ POSITION 旋钮使 CH1 和 CH2 的波形图位于荧光屏竖直方向的中央。

(5)在示波器上按下 CH1 键和 CH2 键，可看到两波形不同步。由波形的时间差 Δt 对应的格数 $n_{\Delta t}$ 与一个周期对应的格数 n_T 之比可以求出 $\varphi=2\pi n_{\Delta t}/n_T$。根据图形可以观察到 $n_{\Delta t}$ 的格数为 1.8 格，n_T 的格数为 5.0 格；读出峰峰格数为 2.5 格，幅值倍率为 2.0 V；读出周期格数为 5.0 格，周期倍率为 200 Hz。由 V_{pp}＝峰峰格数×幅值倍率可得 V_{pp}＝5.0 V，由 T＝周期格数×周期倍率可得 T＝1 000 Hz。

(6)在示波器上按◁ POSITION ▷旋钮下方的 MENU 键，在菜单中选择时基“Y-T”命令，旋转左上端的旋钮选择 X-Y 命令后按下该旋钮，荧光屏即可出现李萨如图形。测量李萨如图

形的 A、B 格数，即可求出 $\varphi=\arcsin(B/A)$。将李萨如图形移到中心，使其关于原点对称，根据图形可以观察到 A 为 2.8 格，B 为 1.2 格（A 为李萨如图形中最高点和最低点的垂直距离，B 为李萨如图形与 y 轴两个焦点的距离）。

YB1600P 系列函数信号发生器简介

五、数据处理

根据李萨如图形法求相位差。

实验 18　亥姆霍兹线圈磁场的测定

亥姆霍兹线圈是一种由同一轴线上的两个电磁铁组成，可产生近似均匀磁场区域的装置，以德国物理学家亥姆霍兹的名字命名。除了产生磁场外，亥姆霍兹线圈还可用于在科学仪器中消除外部磁场，如地球磁场。亥姆霍兹线圈以快速、可靠和简单的方式可一次测量整个磁铁，因此，亥姆霍兹线圈是检查磁化后磁铁零件质量的理想选择。

一、实验目的

（1）了解利用电磁感应法测交变磁场的原理和一般方法，掌握 DH4501N 型三维亥姆霍兹线圈磁场实验仪及测试架的使用方法。

（2）测量载流圆线圈和亥姆霍兹线圈的轴向磁场分布。

（3）了解载流圆线圈（或亥姆霍兹线圈）的径向磁场分布。

二、实验仪器

本实验所用仪器包括 DH4501N 型三维亥姆霍兹线圈磁场实验仪及测试架。

三、实验原理

1. 载流圆线圈和亥姆霍兹线圈的磁场

（1）载流圆线圈的磁场。根据毕奥-萨伐尔定律，一个半径为 R，通以电流 I 的圆线圈，其轴线上的磁感应强度为

$$B=\frac{\mu_0 NIR^2}{2(R^2+x^2)^{\frac{3}{2}}} \tag{3-18-1}$$

式中，N 为圆线圈的匝数；x 为轴上某一点到圆心 O' 的距离；$\mu_0=4\pi\times10^{-7}\,\mathrm{H/m}$。载流圆线圈的磁场分布如图 3-18-1 所示。

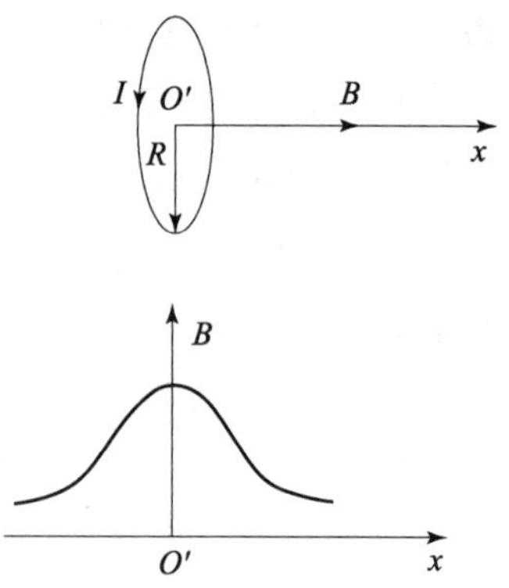

图 3-18-1　载流圆线圈的磁场分布

（2）亥姆霍兹线圈的磁场。两个完全相同的圆线圈彼此平行且共轴，而且圆线圈间距正好为半径 R，这样的一对圆线圈称为亥姆霍兹线圈。理论计算表明：若给亥姆霍兹线圈通以同方向的电流 I，则两圆线圈合磁场在轴（两线圈圆心连线）附近较大范围内是均匀分布的，如图 3-18-2所示，这种均匀磁场在科学实验中应用十分广泛。例如，显像管中的行场偏转线圈就是根据实际情况经过适当变形的亥姆霍兹线圈。

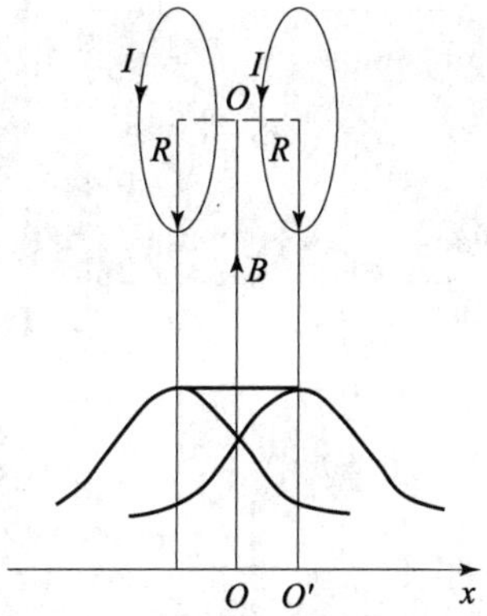

图 3-18-2　亥姆霍兹线圈的磁场分布

磁场分布测量

2. 磁感应强度的测量

磁感应强度可应用霍尔效应法测量。将霍尔传感器(探测头)置于磁场中,并通以工作电流,此时霍尔传感器产生霍尔电势差,通过测量霍尔电势差即可测量磁场中磁感应强度的大小。常用 DH4501N 型三维亥姆霍兹线圈磁场实验仪进行测量。

设 Z 为亥姆霍兹线圈轴线上某点离中心点 O 处的距离,则在亥姆霍兹线圈轴线上任意一点处磁感应强度为

$$B'=\frac{1}{2}\mu_0 NIR^2\left\{\left[R^2+\left(\frac{R}{2}+Z\right)^2\right]^{-\frac{3}{2}}+\left[R^2+\left(\frac{R}{2}-Z\right)^2\right]^{-\frac{3}{2}}\right\} \tag{3-18-2}$$

在亥姆霍兹线圈轴线上中心点 O 处磁感应强度为

$$B'_O=\frac{8}{5^{\frac{3}{2}}}\frac{\mu_0 NI}{R}$$

在 $I=0.5\ \text{A}, N=500, R=0.100\ \text{m}$ 的实验条件下,单个线圈圆心处的磁感应强度为

$$B_O=\frac{\mu_0}{2R}NI=4\pi\times10^{-7}\times500\times\frac{0.5}{2\times0.100}\ \text{mT}=1.57\ \text{mT}$$

当两圆线圈之间的距离 d 正好等于线圈半径 R,即组成亥姆霍兹线圈时,轴线上中心点 O 处磁感应强度为

$$B'_O=\frac{8}{5^{\frac{3}{2}}}\frac{\mu_0 NI}{R}=\frac{8}{5^{\frac{3}{2}}}\times\frac{4\pi\times10^{-7}\times500\times0.5}{0.100}\ \text{mT}=2.25\ \text{mT}$$

当两圆线圈之间的距离 d 不等于线圈半径 R 时,轴线上中心点 O 处磁感应强度按 $B=B_m\sin\omega\tau$ 计算。

四、实验步骤

1. 仪器使用

DH4501N 型三维亥姆霍兹线圈磁场实验仪面板如图 3-18-3 所示。

2. DH4501N 型三维亥姆霍兹线圈磁场测试架

DH4501N 型三维亥姆霍兹线圈磁场测试架由共轴圆线圈、霍尔元件、装有霍尔元件的三维可移动探杆等构成,如图 3-18-4 所示。

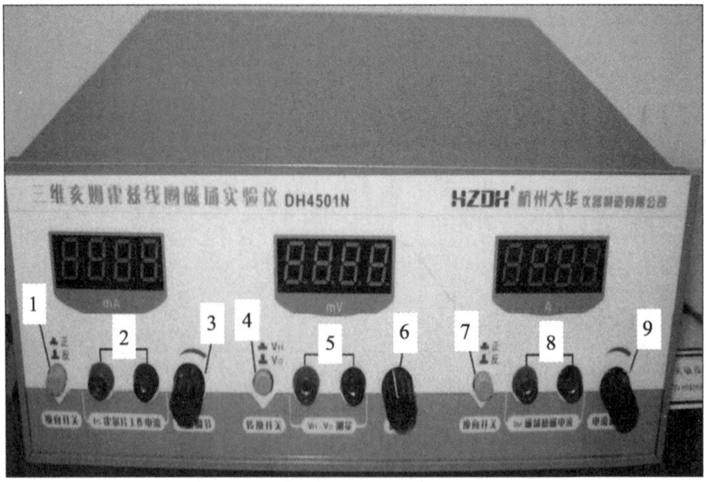

1—霍尔传感器工作电流换向开关;2—霍尔传感器工作电流输出(0～5.00 mA);3—霍尔传感器工作电流调节旋钮;4—U_H/U_σ 切换开关;5—毫伏表接入端,用于接入并测量霍尔片的输出霍尔电压 U_H 或霍尔片长度 L 方向的电压压降 U_σ;6—毫伏表调零旋钮;7—励磁电流换向开关;8—励磁电流输出(0～0.500 A);9—励磁电流输出调节旋钮。

图 3-18-3 DH4501N 型三维亥姆霍兹线圈磁场实验仪面板

1、2—圆线圈;3—底板;4—霍尔元件;5、6、7—导轨;8—探杆;9、12、13、14—紧固螺钉;10—滑块;11—固定夹。

图 3-18-4 DH4501N 型三维亥姆霍兹线圈磁场测试架

(1)共轴圆线圈:1、2 为两个直径相等、匝数相同且绕线方向一致的共轴圆线圈,均装于底板 3 上,其中圆线圈 1 固定,圆线圈 2 可以沿底板上的滑槽横向移动。松开圆线圈 2 底座上的紧固螺钉 14,就可以用双手匀速移动圆线圈 2,以改变两个圆线圈之间的距离。圆线圈 2 的移动范围为 50～200 mm。励磁电流可用连接导线通过圆线圈后面的插孔接入,圆线圈可以单个使用或两个串联使用。

(2)霍尔元件:4 为霍尔元件,它是采用优质砷化镓材料制作成的四端引出器件,其灵敏度大于 140 mV/(mA·T),且温度漂移小。霍尔元件 4 安装于探杆 8 的左前端,导线从探杆(铜管)中引出,连接到测试架后面板上的专用四芯插座上。

注意:实验中不要拉扯霍尔元件的引出线,以防损坏。

(3)三维可移动探杆:5、6 为导轨,7、8、9、10、11、12 组成三维可移动探杆。滑块 10 可以沿导轨 5 左右移动,用于改变霍尔元件 4 在 x 轴方向上的位置。移动时,用力要轻,速度不可过快，且不可以沿前后方向（即 y 轴方向）用力。如果滑块 10 移动时阻力太大或松动，则应适当调节滑块上紧固螺钉 9 的松紧度。为防止 y 轴方向位置出现改变，可以锁紧导轨 5 右端的紧固螺钉 13。

松开导轨 5 右端的紧固螺钉 13，轻推导轨 5 可使探杆沿导轨 6 均匀移动，从而改变霍尔元件 4 在 y 轴方向上的位置。松开紧固螺钉 12，探杆 8 可以沿导轨 7 上下移动，用于改变霍尔元件 4 在 z 轴方向上的位置。装置的 x 轴、y 轴、z 轴方向上均配有位置标尺，因此，在测量三维磁场时，可以方便地确定空间磁场的三维坐标。

3. 应用霍尔效应法测量磁感应强度

(1) 单线圈轴线上磁感应强度的测量。使用 DH4501N 型三维亥姆霍兹线圈磁场实验仪进行实验。连接线路：把励磁电流 I_M 接到单个线圈；把霍尔传感器工作电流 I_S 接到霍尔元件；把霍尔效应测量电压输出端接到毫伏表并把切换开关置于 U_H；把霍尔元件置于线圈圆心位置（$x=0$）。

在仪器充分预热后，选择 I_S、I_M 为正向，并设置 $I_S=5.00$ mA，$I_M=0.00$ A。在此条件下调节毫伏表的调零旋钮，使毫伏表显示 0.00，以消除不等位电势对测量的影响。调节输出电流使 $I_S=5.00$ mA，$I_M=0.500$ A，测出 $x=0$ 位置的霍尔电压。

移动 x 轴向导轨，每隔 10.0 mm 为一测量点，测量单个圆线圈轴线上各点处的霍尔电压。

(2) 测量亥姆霍兹线圈轴线上各点的磁感应强度。用导线将圆线圈 1 和 2 同向串联后连接到信号源励磁电流 I_M 输出端，取圆线圈的间距为 R，其他连接线路不变。设置 $I_S=5.00$ mA，$I_M=0.00$ A，将毫伏表调零，消除不等位电势。

设置 $I_S=5.00$ mA，$I_M=0.50$ A，移动 x 轴向导轨，以两个圆线圈轴线上的中心点为坐标原点，测量亥姆霍兹线圈通电时轴线上各点处的霍尔电压，求出轴线上的磁感应强度分布，绘制 B-x 图。

五、数据处理

自拟表格，记录实验数据，并按照要求进行数据处理。

第 4 章　热学实验

本章介绍了 5 个热学实验，实验 19 为混合法测固体的比热容，实验 20 为混合量热法测冰的熔解热，实验 21 为金属线膨胀系数的测定，实验 22 为稳态法测导热系数，实验 23 为拉脱法测液体表面张力系数。其中，理工科非物理专业必做实验为实验 19，物理专业必做实验为实验 19 至实验 23。

实验 19　混合法测固体的比热容

一、实验目的

(1)学会最基本的测量热量的方法——混合法。

(2)测定金属的比热容。

二、实验仪器

本实验所用仪器包括固体比热容测试仪(含加热炉、量热器)、天平、烧杯、干毛巾。

三、实验原理

19 世纪，随着工业文明的建立与发展，特别是蒸汽机的诞生，量热学得到了巨大的发展。经过多年的实验研究，人们精确地测定了热功当量，逐步认识到不同性质的能量(如热能、机械能、电能、化学能等)之间的转化和守恒这一自然界物质运动的最根本定律，这也成为 19 世纪人类伟大的科学发现之一。从今天的观点看，量热学建立在“热量”或“热质”的基础上，并不符合分子动理论的观点，缺乏科学内涵，但这无损量热学的历史贡献。至今，量热学在物理学、化学、航空航天、机械制造、以及各种热能工程、制冷工程等领域中都有广泛应用。

温度不同的物体混合之后，热量将从高温物体传给低温物体。若在混合过程中，系统与外界无热量交换，则最后会达到一个稳定的平衡温度。这期间，高温物体放出的热量等于低温物体吸收的热量，该原理称为热平衡原理，其公式表示为

$$Q_{放}=Q_{吸}=mc\Delta t \tag{4-19-1}$$

式中，c 为物体的比热容，m 为物体的质量，Δt 为温度变化量。比热容是单位质量的物质升高(或降低)单位温度所吸收(或放出)的热量。比热容的测定对研究物质的宏观物理现象和微观结构之间的关系有重要意义。

本实验采用混合法测固体(金属粒)的比热容。在热学实验中，系统与外界的热交换是难免的，因此，要努力创造一个热力学孤立体系，以提高实验精度。设量热器内筒的质量为 m_1、比热容为 c_1，装入水的质量为 m_0、比热容为 c_0，量热器内筒与水的共同初温为 t_1；将质量为 m、比热容为 c、温度加热到 t_2 的金属粒投入量热器内筒的水中，混合后到达平衡温度 θ，根据热平

衡原理，列出平衡方程为

$$mc(t_2-\theta)=(m_0c_0+m_1c_1+\omega c_0)(\theta-t_1) \tag{4-19-2}$$

由此可得金属的比热容为

$$c=\frac{(m_0c_0+m_1c_1+\omega c_0)(\theta-t_1)}{m(t_2-\theta)} \tag{4-19-3}$$

式中，$m_1c_1+\omega c_0$ 为量热器内筒的热容；ωc_0 为温度计浸入水中的部分的热容；ω 为固体比热容测试仪的水当量。

四、实验步骤

（1）调节好天平后，称取质量 m 约为 80 g 的金属粒放入加热器中，再将加热器置于加热恒温箱装置的恒温腔中，用电缆线连接电缆座和恒温箱装置的电缆座，打开电源开关，"测温选择"开关置于"加热器温度"，读数显示即为加热器的温度。顺时针调节"设定温度粗选"旋钮和"设定温度细选"旋钮到底。打开加热开关，加热指示灯亮，同时观察加热恒温箱的温度变化，当温度即将达到所需温度（比室温高 80 ℃）时，逆时针调节"设定温度粗选"旋钮和"设定温度细选"旋钮使指示灯闪烁（恒温状态），再仔细调节"设定温度细选"旋钮使加热恒温箱温度达到所需温度，约 10 min 后，加热器中金属粒的温度也将恒定在所需温度。

（2）用天平测量量热器内筒质量 m_1。

（3）在量热器内筒中注入质量为 m_0（约 100 g）的水，并用天平测量水的质量 m_0。

（4）安装好实验装置，温度传感器插头插入测温电缆座，打开搅拌开关，记录水温 t_1。

（5）记录金属粒的温度 t_2。打开量热器上盖（注意不要带出水），快速将加热器从恒温箱中取出，并将金属粒快速放入量热器内筒的水中（注意：加热器不要接触量热器内筒、温度传感器及搅拌器）。

（6）随着水温不断上升，记录水温上升最后到达的平衡温度 θ。

（7）关闭搅拌开关，轻轻取出温度计及搅拌器，将量热器内筒的水倒出，用备好的毛巾擦干金属粒备用。

为了尽可能使系统与外界交换的热量达到最小，在实验的操作过程中应注意以下几点：不应当直接用手去触碰量热筒的任何部分；不在空气流通过快的地方或火炉旁、暖气旁做实验。此外，由于系统与外界温差越大、实验时间越长，系统与外界交换热量就越快、越多，因此，在进行量热实验时，要使系统与外界的温差尽可能小，并使实验进行得快些。

五、数据处理

将实验数据填入表 4-19-1，并计算金属粒的比热容。

表 4-19-1　测金属粒的比热容实验数据

m/g	m_1/g	m_0/g	t_1/℃	t_2/℃	θ/℃

已知：水的比热容 $c_0=4.173$ J/(g·℃)，量热器内筒的比热容 $c_1=0.502$ J/(g·℃)，固体比热容测试仪的水当量 $\omega=2.8$ g。

实验 20　混合量热法测冰的熔解热

熔解是指物质从固相变为液相的相变过程，在一定压强下，晶体开始熔解时的温度称为该晶体在此压强下的熔点。对于晶体而言，熔解是组成物质的粒子由规则排列向不规则排列的过程，破坏晶体的点阵结构需要能量，因此，晶体在熔解过程中需要吸热，但是其温度保持不变。在物理学中，单位质量的某种晶体在熔点时从固态全部变成液态所需要的热量，称为该晶体的熔解热。通常在实验室中可以利用混合量热法测定冰的熔解热。

一、实验目的

(1)了解热学实验的基本测量：量热和计温。

(2)学习用混合量热法测定冰的熔解热。

(3)学会一种粗略修正散热的方法，并进行实验安排和参量选择。

二、实验仪器

本实验所用仪器包括量热器、保温瓶、物理天平、水银温度计(0～50 ℃，0～100 ℃)、冰块、停表、量筒、烧杯、干毛巾、热水。

三、实验原理

量热器内筒中装有质量为 m、温度为 T_1 的水，再放入质量为 M、温度为 0 ℃的冰，并充分混合，冰全部熔解为水，最后整个系统的平衡温度为 T_2。在整个过程中，质量为 M 的冰熔解为水，这部分水的温度达到 T_2，需要吸热；而温度为 T_1 的水、量热器内筒、搅拌器的温度达到 T_2，则需要放热。如果实验系统为孤立系统，则根据热平衡方程有

$$Q_{吸}=Q_{放} \tag{4-20-1}$$

设量热器内筒和搅拌器的质量分别为 m_1 和 m_2，比热容分别为 c_1 和 c_2，温度计的热容为 δ_m，则

$$ML+Mc_0\Delta T_2=(c_0m+c_1m_1+c_2m_2+\delta_{\mathrm{m}})(T_1-T_2) \tag{4-20-2}$$

式中，L 为冰的熔解热；$\Delta T_2=(T_2 0)$；c_0 为水的比热容，其值为 4.22×10^3 J/(kg · ℃)；量热器内筒和搅拌器的材质通常是铜，且 $c_1=c_2=c_{铜}=3.9\times10^2$ J/(kg · ℃)；δ_{m} 可取为 $1.9V$ J/℃(V 为温度计浸入水中部分的体积)。所以冰的熔解热为

$$L=\frac{[c_0m+c_{铜}(m_1+m_2)+\delta_m][T_1-T_2]-Mc_0\Delta T_2}{M} \tag{4-20-3}$$

除非系统与环境的温度时刻相同，否则就不可能完全达到绝热要求。因此，在做精密测量时，就需要采用一些办法求出实验过程中实验系统散失或吸收了多少热量，即散热修正。一个系统的温度如果高于环境温度，则该系统会散失热量。实验证明，当温度差较小时(10～15 ℃)，散热速度与温度差成正比，即牛顿冷却定律。用数学形式表示可写成

$$\frac{\Delta Q}{\Delta t}=k(T-\theta) \tag{4-20-4}$$

式中，ΔQ 为系统散失的热量；Δt 为时间间隔；k 为一个常数(称为散热常数)，它与物体(量热

器)表面积、表面情况和周围流体性质、流动情况等因素有关;T 和 θ 分别是系统和环境的温度。$\frac{\Delta Q}{\Delta t}$称为散热速率,表示单位时间内系统散失的热量。

本实验采用牛顿冷却定律粗略修正散热。已知当 $T>\theta$ 时,$\Delta Q/\Delta t>0$,系统向外散热;当 $T<\theta$ 时,$\Delta Q/\Delta t<0$,系统从环境中吸热。如图 4-20-1 所示,系统的温度从 T_1 变化到 θ 的过程中,系统向外散热,所散的热量等于图 4-20-1 中实线所围的面积 S_A;系统的温度从 θ 变化到 T_2 的过程中,系统从环境中吸热,所吸收的热量等于图 4-20-1 中实线所围的面积 S_B。整个过程中系统与环境交换的热量为

$$Q=\int_{t_1}^{t_2}k(T-\theta)\mathrm{d}t=\int_{t_1}^{t_\theta}k(T-\theta)\mathrm{d}t+\int_{t_\theta}^{t_2}k(T-\theta)\mathrm{d}t \tag{4-20-5}$$

式中,等号右端第一项中的 $T-\theta>0$,系统向外散热;第二项中的 $T-\theta<0$,系统从环境中吸热。由图 4-20-1 和式(4-20-5)可知,只要把实验中所用水和冰的质量控制好,就能使图 4-20-1 中的面积 S_A 和 S_B 相等,即系统与环境的吸热和散热基本可以相互抵消,或相当于系统与环境没有吸热和放热,使实验获得良好结果。

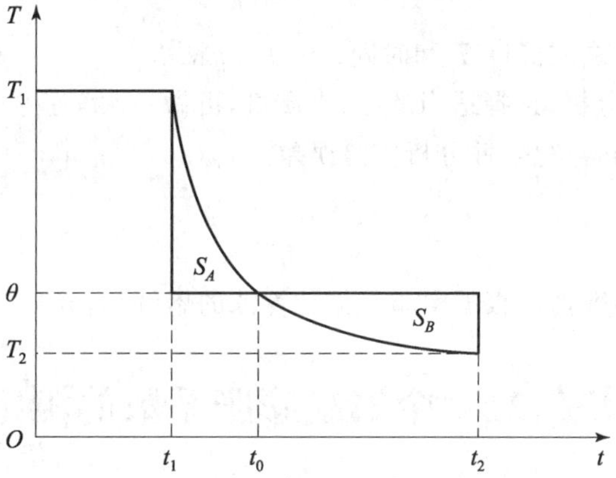

图 4-20-1　系统温度随时间变化曲线

量热器的种类很多。本实验所用量热量如图 4-20-2 所示,它是由金属内筒和一个较大的表面镀亮的金属外筒组成,内筒与外筒之间装有隔热材料。通常在内筒中装有水、温度计及搅拌器,连同放入的被测物体就构成了(进行实验的)系统。内筒、水、温度计和搅拌器的热容可以由理论公式计算,因此,根据前述的混合量热法就可以测冰的溶解热。

四、实验步骤

(1)先用物理天平分别测量量热器内筒和搅拌器的质量 m_1 和 m_2。

(2)取水约为内筒容量的 1/3,并测量内筒和水的质量 m_3,水温比室温高 6～10 ℃。

(3)把内筒放入外筒并盖好,从孔中插入温度计,读出此时的温度,之后每隔 1 min 读一次温度计示数,记录 5 次。

(4)取适量冰块,用毛巾擦干冰块表面的水后迅速投入水中,马上观察温度计的示数变化,并用搅拌器不断搅拌,加速熔解,记下温度降至室温时所需的时间。

(5)待温度稳定后,读出温度计示数,每隔 1 min 记录一次温度,共记录 5 次。

(6)取出量热器内筒,测量其质量 m_4,并用排水法测量进入水中的温度计体积 V。

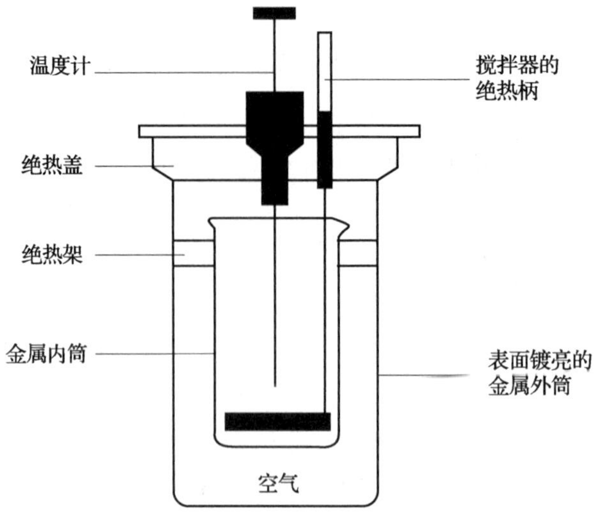

图 4-20-2　本实验所用量热器

(7)整理数据并用记录的温度 T 和时间 t 作 $T-t$ 图。

(8)依据 $T-t$ 图线分析,选择适当的冰、水质量,再做一次实验。

(9)最后计算出冰的熔解热,并分析实验误差。

五、数据处理

自拟表格,记录实验数据。根据实验数据计算冰的熔解热,并分析实验误差。

实验 21　金属线膨胀系数的测定

在桥梁结构设计、房屋建造及精密仪表的研制等行业中,物体的热胀冷缩性质是需要重点考虑的因素之一,它直接影响工程构造的稳定性和仪表的精确度。

材料的线膨胀是指当材料受热膨胀时,在一维方向的伸长,线膨胀系数则表示材料膨胀或收缩的程度,它可分为某一温度点的线膨胀系数和某一温度区间的线膨胀系数。在实践应用中,线膨胀系数是选用材料的一项重要指标,特别是研制新材料时,对材料的线膨胀系数测定是一个重要内容。常见的线膨胀系数测定方法包括光杠杆法和千分表法,本实验采用千分表法测定空心铜棒的线膨胀系数。

一、实验目的

(1)学习并掌握用千分表法测定金属线膨胀系数。

(2)学会用千分表测量长度的微小增量。

二、实验仪器

本实验所用仪器包括 FB712 型金属线膨胀系数测量仪(实验仪与测试架)、千分表、卷尺、空心铜棒等。

三、实验原理

固体受热后其长度的增加称为线膨胀。在一定的温度范围内，原长为 L 的物体，受热后其伸长量 ΔL 与 L 成正比，与温度的增加量 Δt 近似成正比，即

$$\Delta L = \alpha L \Delta t \tag{4-21-1}$$

式中，比例系数 α 称为固体的线膨胀系数，简称线胀系数。实验表明，塑料的线胀系数最大，金属次之，而因瓦合金、熔凝石英的线胀系数很小，因此，因瓦合金和熔凝石英在精密测量仪器中有较多应用。

实验还发现，同一材料在不同温度区域，其线胀系数不一定相同。某些合金在金相组织发生变化的温度附近，同时会出现线膨胀量的突变，因此，测定线胀系数是了解材料特性的一种手段。但是，在温度变化不大的范围内，线胀系数仍可认为是一常量。

为测定线胀系数，常常将材料做成条状或杆状，本实验就是测定金属杆的线胀系数。由式(4-20-1)可知，若测出金属杆的初始温度 t_1 和受热后的温度 t_2，以及金属杆的初始长度 L 和受热后的伸长量 ΔL，则金属杆的线胀系数为

$$\alpha = \frac{\Delta L}{L(t_2 - t_1)} \tag{4-21-2}$$

线胀系数 α 表示在 $t_1 \sim t_2$ 的温度范围内，固体材料的温度每升高 1 ℃时，其相对伸长量。线胀系数 α 单位为$℃^{-1}$。

测量线胀系数的难点是测量金属棒的伸长量 ΔL。假设金属棒的初始长度为 $L = 250\ \text{mm}$，温度变化量为 $t_2 - t_1 \approx 100\ ℃$，金属的线胀系数 α 的数量级为 $10^5\ ℃^{-1}$，则 $\Delta L = \alpha L \Delta t \approx 0.25\ \text{mm}$。对于这么微小的伸长量，用普通量具，如钢尺或游标卡尺是无法准确测量的。

本实验采用 FB712 型金属线膨胀系数测量仪(见图 4-21-1)，通过加热温度传感器，精确地控制实验样品的温度，并由千分表(见图 4-21-2)直接读出实验样品的微小伸长量，从而实现对金属线胀系数的测定。该仪器的恒温控制系统由高精度数字温度传感器与比例-积分-微分(proportional-integral-derivative，PID)智能温度控制器组成，可根据实验需要把加热温度控制在室温到 80 ℃之间，千分表的分度值为 0.001 mm，并以稳定的加热电压维持实测温度的稳定度，由四位数码管显示设定温度和实验样品实测温度，读数精度为±0.1 ℃。

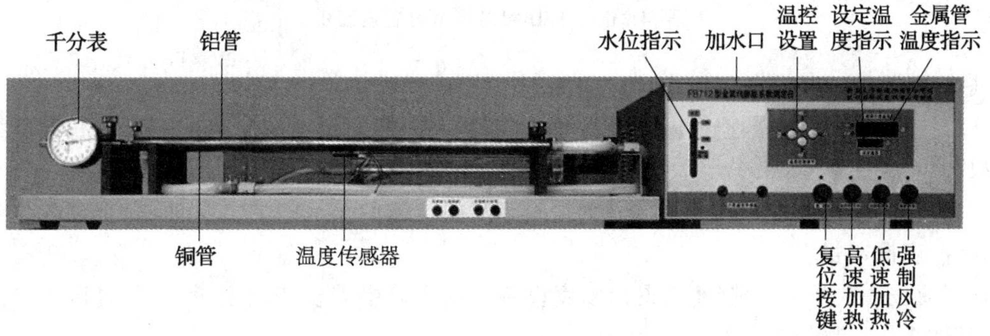

图 4-21-1　FB712 型金属线膨胀系数测量仪

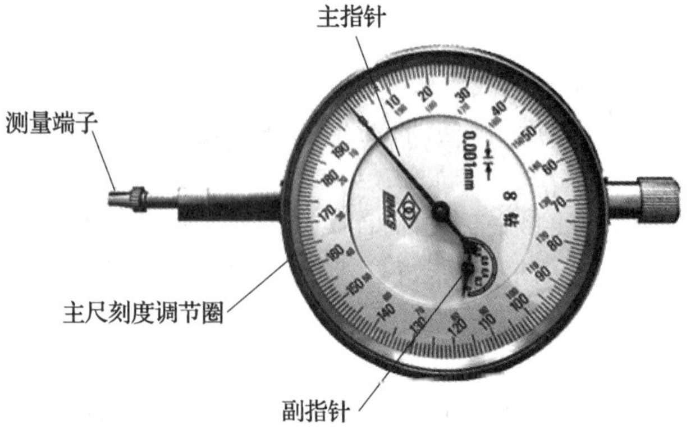

图 4-21-2　千分表

千分表的性能参数如下。

(1)有效量程:0～1.0 mm。

(2)主指针:每圈分为 200 格,每格长度为 0.001 mm。

(3)副指针:每格长度为 0.2 mm,共分为 5 格,总长度为 1.0 mm。

(4)极限量程:0～1.4 mm。

(5)主尺刻度调节圈用于主尺调零。

温度控制在 PID 智能温度控制器上进行。PID 智能温度控制器面板如图 4-21-3 所示,温度设置步骤如下(若出厂温度设置为 80 ℃,可改为 40 ℃)。

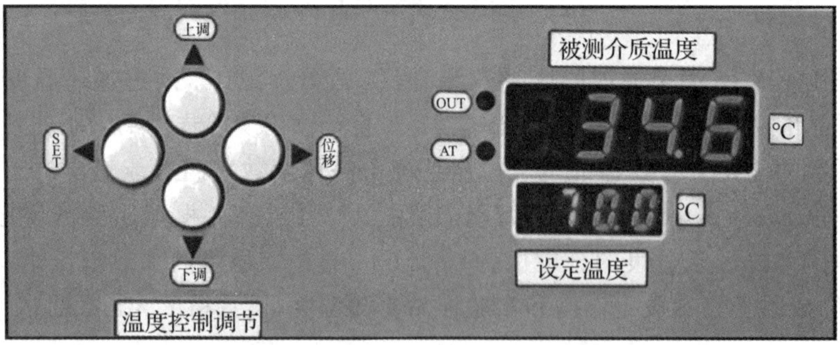

图 4-21-3　PID 智能温度控制器面板

(1)先按“SET”(设定)键(◀)约 0.5 s。

(2)按“位移”键(▶),选择需要调整的位数,数字闪烁的位数就是当前可以进行调整操作的位数。

(3)按“上调”键(▲)或“下调”键(▼),确定当前位数的值。按此方法调整,直到各位数的值满足温度设定要求。

(4)再按一次“SET”键(◀),退出温度设置。当实验中需改变温度设定,重复以上步骤即可。具体操作步骤如图 4-21-4 所示。

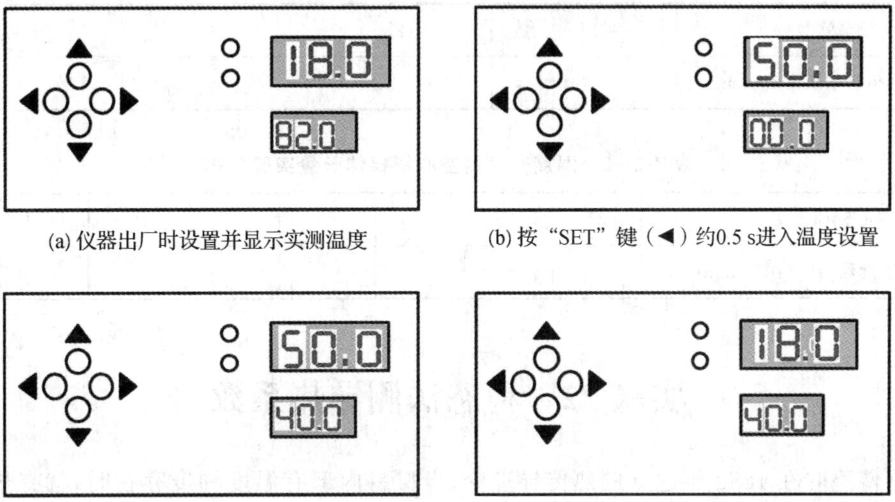

(a) 仪器出厂时设置并显示实测温度

(b) 按“SET”键（◀）约0.5 s进入温度设置

(c) 按“位移”键（▶）、“上调”键（▲）、“下调”键（▼）设置加热温度为40 ℃

(d) 按“SET”键（◀）约0.5 s退出温度设置

图 4-21-4　PID 智能温度控制器温度设置操作步骤

四、实验步骤

(1)在室温下用卷尺重复测量空心铜棒原始长度 L 2～3 次，将实验数据填入表 4-21-1 中，求出原始长度 L 的平均值。

(2)连接空心铜棒对应的测温传感器信号输出插座与测试仪介质温度传感器插座。

(3)将千分表装在被测空心铜棒的自由伸缩端固定位置上，使千分表测试端与空心铜棒接触，并保持两者在同一水平线。转动千分表表面，将千分表主指针读数基本调零，而副指针无需调零。

(4)设定温度，按下加热按键(高速或低速均可，但低速挡由于功率小，一般最多只能加热到 50 ℃)，观察空心铜棒温度的变化。

(5)测量并记录数据。当空心铜棒温度为 35 ℃时，读出千分表数值 ΔL_{35}，记入表 4-21-2 中。接着在温度为 40 ℃、45 ℃、50 ℃、55 ℃、60 ℃、65 ℃、70 ℃时，分别记录对应的千分表读数。

(6)用逐差法求出温度每升高 5 ℃空心铜棒的平均伸长量，由式(4-21-2)即可求出空心铜棒在 35～70 ℃温度区间的线胀系数。

加热过程中需要保证水量充足，避免加热器出现干烧情况。长期不用时，应打开主机底部放水阀门把水放掉。

五、数据处理

将实验数据填入表 4-21-1、表 4-21-2 中，并代入式(4-21-2)计算热胀系数。

表 4-21-1　空心铜棒原始长度实验数据

测量次数	1	2	3	平均值
空心铜棒有效长度 L/mm				

表 4-21-2　温度升高后空心铜棒伸长量实验数据

空心铜棒温度/℃	35	40	45	50	55	60	65	70
千分表读数 $\Delta L/(10^{-3}$ mm)								

实验 22　稳态法测导热系数

根据傅里叶在 1882 年建立的热传导理论，当材料内部有温度梯度存在时，就有热量从高温处传向低温处，这时在 Δt 时间内通过面积 S 的热量 ΔQ，正比于物体内的温度梯度，其比例系数称为导热系数(也称热导率)，即

$$\frac{\Delta Q}{\Delta t}=\frac{\mathrm{d}Q}{\mathrm{d}t}=-\lambda\frac{\mathrm{d}T}{\mathrm{d}z}S \tag{4-22-1}$$

式中，$\frac{\Delta Q}{\Delta t}$为传热速率；$\frac{\mathrm{d}T}{\mathrm{d}z}$为垂直于面积 S 的方向上的温度梯度，负号表示热量从高温处传向低温处；λ 为导热系数，在国际单位制中，导热系数的单位为 W/(m·K)。

一、实验目的

(1)了解热传导现象的物理过程。

(2)学习用稳态法测定不良导体及空气的导热系数。

(3)学习求冷却速率的方法。

二、实验仪器

本实验所用仪器包括 FD-TC-B 型导热系数测定仪，如图 4-22-1 所示。

FD-TC-B 型导热系数测定仪的加热盘为单片机自适应控制测温传感器，示数的单位为℃，精度为 0.1 ℃；散热盘由另一单片机控制，读数精度也为 0.1 ℃。

三、实验原理

1. 温度梯度

为了在样品内造成一个温度的梯度分布，可以把样品加工成平板状，并把它夹在两块良导体——铜板之间(见图 4-22-2)，使两块铜板分别保持恒定温度 T_1 和 T_2，就能在垂直于样品表面的方向上形成温度的梯度分布。若样品厚度远小于样品直径($h\ll D$)，由于样品侧面积比平板面积小得多，因此，由侧面散去的热量可以忽略不计，则可以认为热量沿垂直于样品平面的方向传导，即只在此方向上有温度梯度。由于铜是热的良导体，在达到平衡时，可以认为同一铜板各处的温度相同，样品内同一平行平面上各处的温度也相同。这样只要测出样品的厚度

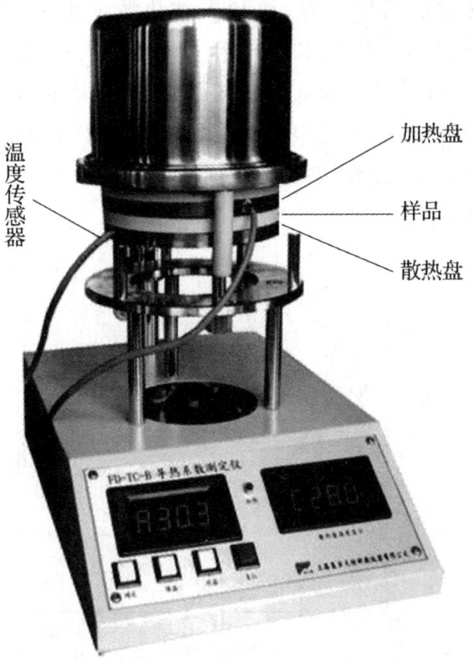

图 4-22-1　FD-TC-B 型导热系数测定仪

h 和两块铜板的温度 T_1、T_2，就可以确定样品内的温度梯度$(T_1-T_2)/h$。当然这需要铜板与样品表面紧密接触无缝隙，否则中间的空气层将产生热阻，使温度梯度测量不准确。

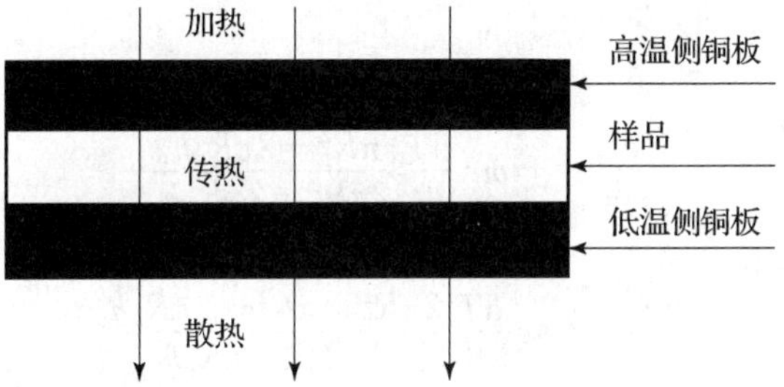

图 4-22-2　稳态法测导热系数示意图

2. 传热速率

单位时间内通过某一截面积的热量 $\mathrm{d}Q/\mathrm{d}t$ 是一个无法直接测量的量，因此，必须将这个量转化为一个较容易测量的量。为了维持一个恒定的温度梯度分布，必须不断地给高温侧铜板加热，热量通过样品传到低温侧铜板，而低温侧铜板要不断向周围环境散出热量。当加热速率、传热速率与散热速率相等时，系统就达到一个动态平衡，称为稳态，此时低温侧铜板的散热速率就是样品内的传热速率。这样，只要测量低温侧铜板在稳态温度 T_2 下的散热速率，也就间接测量出了样品内的传热速率。但是，铜板的散热速率也不易测量，还需要进一步作参量转换。铜板的散热速率与冷却速率(温度变化率)$\mathrm{d}T/\mathrm{d}t$ 有关，其表达式为

$$\left.\frac{\mathrm{d}Q}{\mathrm{d}t}\right|_{T=T_2}=-mc\left.\frac{\mathrm{d}T}{\mathrm{d}t}\right|_{T=T_2} \tag{4-22-2}$$

式中，m 为铜板的质量；c 为铜板的比热容；负号表示热量向低温方向传递。因为质量容易直接测量，c 为常量，所以对铜板的散热速率的测量又转化为对低温侧铜板冷却速率的测量。在系统达到稳态后，移去样品，用高温侧铜板直接对低温侧铜板加热，使其温度高于稳态温度 T_2（大约高 20 ℃），再让其在环境中自然冷却，直到温度低于 T_2，测出温度在比 T_2 高 20 ℃到小于 T_2 区间中随时间的变化关系，绘制 T-t 曲线，如图 4-22-3 所示。曲线在 T_2 处的斜率就是铜板在稳态温度 T_2 时的冷却速率。

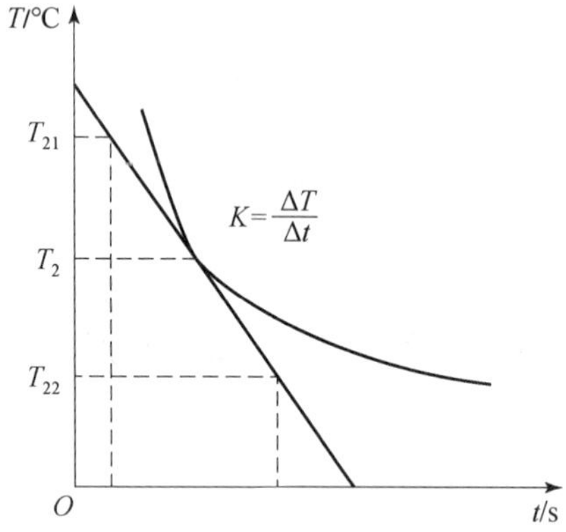

图 4-22-3　绘制 *T-t* 曲线

应该注意的是，这样得出的 $\mathrm{d}T/\mathrm{d}t$ 是低温侧铜板全部表面暴露在空气中的冷却速率，其散热面积为 $2\pi R_p^2+2\pi R_p h_p$（其中 R_p 和 h_p 分别是低温侧铜板的半径和厚度）。然而，设样品截面半径为 R，在实验中稳态传热时，低温侧铜板的上表面（面积为 πR_p^2）被样品全部（$R=R_p$）或部分（$R<R_p$）覆盖，由于物体的散热速率与面积成正比，因此，对稳态时低温侧铜板散热速率的表达式应进行修正。

若 $R=R_p$，则

$$\frac{\mathrm{d}Q}{\mathrm{d}t}=-mc\frac{\mathrm{d}T}{\mathrm{d}t}\frac{\pi R_p^2+2\pi R_p h_p}{2\pi R_p^2+2\pi R_p h_p} \tag{4-22-3}$$

若 $R<R_p$，则

$$\frac{\mathrm{d}Q}{\mathrm{d}t}=-mc\frac{\mathrm{d}T}{\mathrm{d}t}\frac{2\pi R_p^2-\pi R^2+2\pi R_p h_p}{2\pi R_p^2+2\pi R_p h_p} \tag{4-22-4}$$

根据前面的分析，这个量就是样品的传热速率。

将式(4-22-3)或式(4-22-4)代入热传导定律表达式(4-22-1)，并考虑到 $S=\pi R^2$，可以得到导热系数为

$$\lambda=mc\frac{2h_p+R_p}{2h_p+2R_p}\frac{1}{\pi R^2}\frac{h}{T_1-T_2}\left.\frac{\mathrm{d}T}{\mathrm{d}t}\right|_{T=T_2} \tag{4-22-5}$$

或

$$\lambda=mc\frac{2R_p^2-R^2+2R_p h_p}{2R_p^2+2R_p h_p}\frac{1}{\pi R^2}\frac{h}{T_1-T_2}\left.\frac{\mathrm{d}T}{\mathrm{d}t}\right|_{T=T_2} \tag{4-22-6}$$

式中，R 为样品半径；h 为样品厚度；m 为低温侧铜板的质量；c 为铜的比热容；R_p 和 h_p 分别为低温侧铜板的半径和厚度。以上各项均为常量或直接易测量值。

四、实验步骤

(1)取下固定螺钉，将橡胶样品放在加热盘和散热盘中间，橡胶样品要求与加热盘和散热

盘完全对准；上、下绝热薄板对准加热盘和散热盘。调节底部的 3 个微调螺钉，使样品与加热盘、散热盘接触良好，但注意不宜过紧或过松。

(2)插好加热盘的电源插头，再将两根连接线的一端与机壳相连，有传感器的一端插在加热盘和散热盘的小孔中。要求传感器完全插入小孔中，并在传感器上抹一些硅油或导热硅脂，以确保传感器与加热盘和散热盘接触良好。在安放加热盘和散热盘时，还应注意使放置传感器的孔上下对齐(注意：加热盘和散热盘两个传感器要一一对应，不可互换)。

(3)接上导热系数测定仪的电源，开启电源后，左边表头首先显示 FDHC，然后显示此刻的温度，当显示“b= = · =”时，用户可以设定控制温度。设置完成后按“确定”键，加热盘即开始加热。右边屏幕显示散热盘的实时温度。

(4)加热盘的温度上升到设定温度值时，开始记录散热盘的温度，可每隔 1 min 记录一次，待在 0 min 或更长的时间内加热盘和散热盘的温度值基本不变，可以认为已经达到稳定状态了。

(5)按“复位”键停止加热，取走样品，调节 3 个微调螺钉使加热盘和散热盘接触良好，再设定温度到 80 ℃，加快散热盘的温度上升，使散热盘温度上升到高于稳态时的温度 T_2 20 ℃左右即可。

(6)移去加热盘，让散热圆盘在风扇作用下冷却，每隔 10 s(或 30 s)记录一次散热盘的温度示值，由临近 T_2 值的温度数据计算冷却速率 $\left.\frac{\mathrm{d}T}{\mathrm{d}t}\right|_{T=T_2}$，也可以根据记录数据作冷却曲线，并作曲线在 T_2 点的切线，然后根据切线斜率计算冷却速率。

(7)根据测量得到的稳态时的温度值 T_1 和 T_2，以及在温度 T_2 时的散热盘冷却速率，由式(4-22-6)计算不良导体样品的导热系数。

五、数据处理

自拟表格，记录实验数据，并按要求进行数据处理。

实验 23　拉脱法测液体表面张力系数

部分液体(如水)会产生使表面尽可能缩小的力，这个力称为表面张力，是液体表面的主要性质。清晨凝聚在叶片上的水滴，水龙头缓缓垂下的水滴，都是在表面张力的作用下形成的。此外，水蝇之所以能站在水面上，也是由于表面张力的作用。许多涉及液体的物理现象都与液体的表面性质有关，例如，液体与固体接触时的浸润与不浸润现象、毛细现象、液体泡沫的形成、工业生产中使用的浮选技术、动植物体内液体的运动、土壤中水的运动等都是液体表面张力的表现。

液体的表面张力系数 α 与液体的性质、杂质情况、温度等有关。当液面与其蒸气相接触时，表面张力仅与液体性质及温度有关，温度越高，α 越小。一般来讲，密度小易挥发的液体表面张力系数 α 小。测定液体表面张力系数的方法很多，常用的有拉脱法、毛细管法、最大气泡压力法等。

一、实验目的

(1)了解焦利氏秤测量微小力的原理和方法。

(2)学会用拉脱法测定室温下水的表面张力系数。

(3)掌握用逐差法处理数据。

二、实验仪器

本实验所用仪器包括焦利氏秤、П形金属丝框、砝码及砝码盘、游标卡尺、玻璃烧杯、酒精、金属镊子、温度计及蒸馏水。

三、实验原理

如果将液体表面想象为一条线段 L，则表面张力就表现为线段两边的液面会以一定的拉力 f 相互作用，此拉力方向垂直于线段，大小与此线段的长度 L 成正比，即

$$f=\alpha L \tag{4-23-1}$$

式中，α 为液体表面张力系数，它表示单位长线段两侧液体的相互作用，在国际单位制中它的单位为牛顿/米，记为 N/m。

拉脱法测定液体表面张力系数是基于液体与固体接触时的表面现象提出的。由分子运动论可知，当液体分子和与其接触的固体分子之间的吸引力大于液体分子的内聚力时，就会产生液体浸润固体的现象。

将一段洁净的П形金属丝框浸入液体中，液体会浸润金属丝。当缓慢拉起金属丝框时，其附近的液面形状及金属丝框受力情况如图 4-23-1 所示，其中图 4-23-1(a)所示为正面图，图 4-23-1(b)所示为侧面放大图，液膜自身的重力和金属丝框所受的浮力没有画出。金属丝框内挂有一层双面液膜，液膜两个表面沿着切线方向的作用力 f 即为表面张力，φ 为接触角，液体表面张力在竖直方向上的分量为 F_α。设П形金属丝框的直径为 d，金属丝框内宽为 L，重力为 mg，受到的浮力为 f'，液膜自身的重力为 $m'g$，向上的拉力为 F，则П形金属丝框的受力平衡条件为

$$F+f'=mg+F_\alpha+m'g \tag{4-23-2}$$

由于液膜有两个表面，考虑液膜宽度为 $L+d$，则表面张力在竖直方向上的分量为

$$F_\alpha=2f\cos\varphi=2\alpha(L+d)\cos\varphi \tag{4-23-3}$$

缓慢拉起П形金属丝框至液膜破裂时，接触角 $\varphi\to0$，则 $\cos\varphi\to1$，故有

$$F_\alpha=2\alpha(L+d) \tag{4-23-4}$$

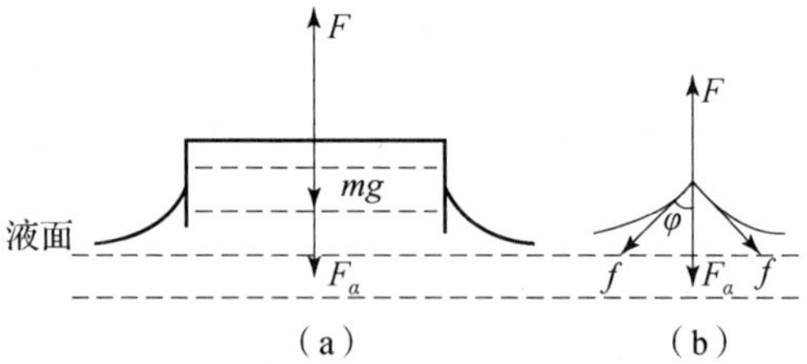

图 4-23-1　金属丝框拉出液面时的受力情况

由于金属丝框很细，其体积很小，因此，金属丝框在液体中的部分所受的浮力 f' 可忽略不计；液膜自身的重力 $m'g$ 很小，也可忽略不计；通常，与 L 相比，d 很小，也可以忽略不计。于是，由式(4-23-2)和式(4-23-4)可得

$$F=mg+2\alpha L$$

即

$$F-mg=2\alpha L \tag{4-23-5}$$

由此可得

$$\alpha=\frac{F-mg}{2L} \tag{4-23-6}$$

式中，$F-mg$ 是一个微小的力，可以用焦利氏秤来测量。

焦利氏秤的构造如图 4-23-2 所示，它是一种用于测量微小力的精细弹簧秤。金属套管 A 垂直竖立在三角底座上，调节底座上的螺钉，可使金属套管 A 处于竖直状态。带有毫米标尺的圆柱 B 套在金属套管 A 内，在金属套管 A 的上端固定有游标 C，圆柱 B 顶端伸出的支臂上挂一弹簧 E。调节升降旋钮 D 可使圆柱 B 上下移动，从而调节弹簧 E 的升降。弹簧 E 上升或下降的距离由主尺（圆柱 B）和游标 C 来确定。G 为一侧刻有刻线的玻璃圆筒，通过夹架固定在金属套管 A 上。玻璃圆筒 G 内有一挂在弹簧 E 下端两头带钩的小平面镜，镜面上有一刻线。测量时，使小平面镜上的刻线、玻璃圆筒 G 上的刻线及其在小平面镜中的像三者重合，简称三线对齐。只有当三线对齐时，才能正确读数。T 为平台，转动其下端的螺钉 S 时平台可升降但不转动。H 为盛液体的玻璃烧杯。

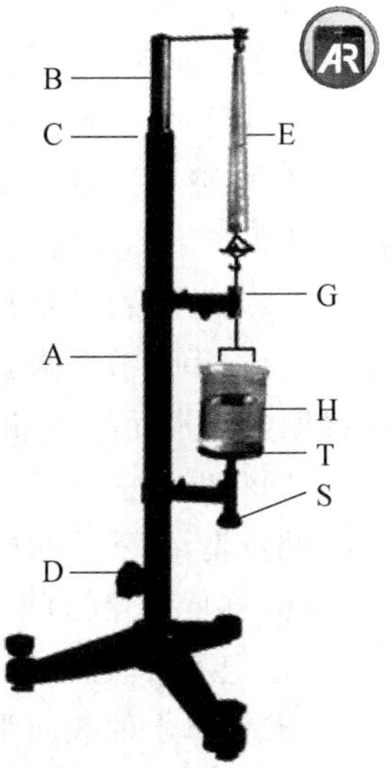

图 4-23-2　焦利氏秤的构造

用焦利氏秤测量时，弹簧下端的位置是固定的，弹簧的伸长量可由主尺和游标确定（即伸长前、后两次读数差值）。设在微小力 F 的作用下焦利氏秤的弹簧伸长量为 Δx，根据胡克定律可知，在弹性限度内

$$F=k\Delta x \tag{4-23-7}$$

式中，k 是弹簧的刚度系数。对于一个特定的弹簧，k 值是一定的。如果将已知质量的砝码加在砝码盘中，测出弹簧的伸长量，由式（4-23-7）即可计算该弹簧的 k 值。这一步骤称为焦利氏秤的校准。焦利氏秤校准后，只要测出弹簧的伸长量，就可计算出作用于弹簧上的微小力 F。

将⊓形金属丝框挂在砝码盘下的小钩上，并使其浸入玻璃烧杯的液体中，调节升降旋钮缓慢地往上提拉金属丝框。若取金属丝框上边缘恰与液面平齐为弹簧的平衡位置 x_0，则此时有 $F-mg=0$。若取缓慢拉起⊓形金属丝框至液膜刚好破裂的瞬间弹簧的位置为 x，则此时对应于作用力 $F-mg$ 的弹簧伸长量为 $\Delta x=x-x_0$。根据胡克定律有 $F-mg=k\Delta x$，代入式（4-23-8）即可求得表面张力系数，即

$$\alpha=\frac{k\Delta x}{2L} \tag{4-23-8}$$

四、实验步骤

1. 安装调试焦利氏秤

安装好支架，并挂好弹簧、小平面镜、砝码盘及⊓形金属丝框等，调节三角底座螺钉使金属套管铅直，并使小平面镜悬在玻璃圆筒中央。

2. 测定焦利氏秤的刚度系数 k

（1）调节升降旋钮，使小平面镜上的刻线、玻璃圆筒上的刻线及其在小平面镜中的像三线

对齐，记下标尺读数 x_0。

(2)将等量的小砝码(0.5 g)逐个加入砝码盘，每加一个砝码，应重新调节升降旋钮使三线对齐，再读出标尺读数 x_i(一般取 $i \leqslant 9$)。

(3)再逐个减砝码，每减一个砝码，仍需重新调节升降旋钮使三线对齐，再读出标尺读数，与 x_i 对应的标尺读数记为 x_i'。

(4)将对应的 x_i 和 x_i' 取平均值，用逐差法处理数据，求出刚度系数 k 及不确定度 $u(k)$。

3. 测定蒸馏水的表面张力系数 α

(1)用游标卡尺测量Π形金属丝框的宽度 L，重复测量 5 次，取平均值。

(2)将盛有适量蒸馏水的玻璃烧杯置于支架的载物平台上，将Π形金属丝框用酒精洗净后挂在砝码盘下的小钩上。

(3)调节载物平台和升降旋钮，使Π形金属丝框完全浸入蒸馏水中。

(4)一手调节升降旋钮，一手调节载物平台的高度，并保持三线对齐，直至Π形金属丝框上边缘刚好与水面平齐，记下此时标尺的读数 x_0。

(5)在保证三线对齐的条件下，继续缓慢调节升降旋钮和载物平台，直至Π形金属丝框刚好拉破液膜，记下此时标尺的读数 x。

(6)重复步骤(3)～(5)5 次。

(7)记下实验前、后的水温，取平均值作为测量过程中水的温度 t。

(8)计算水的表面张力系数 α 及其不确定度 $u(\alpha)$。

五、数据处理

自拟表格，记录实验数据，并按要求进行数据处理。

第5章 光学实验

本章介绍了9个光学实验,实验24为薄透镜焦距的测定,实验25为用牛顿环测平凸透镜的曲率半径,实验26为用双棱镜测光波的波长,实验27为迈克耳孙干涉仪的调节与使用,实验28为分光计的调节,实验29为用分光计和透射光栅测光波的波长,实验30为用分光计测玻璃棱镜的折射率,实验31为单缝衍射实验,实验32为光的偏振现象的观察和分析。其中,理工科非物理专业必做实验为实验24,物理专业必做实验为实验24至实验32。

实验24 薄透镜焦距的测定

一、实验目的

(1)掌握和理解光学系统共轴调节的方法。

(2)通过实验进一步理解薄透镜的成像规律。

(3)掌握测量薄凸透镜和薄凹透镜焦距的几种方法。

(4)验证薄透镜成像公式,并了解薄透镜成像公式的近似性。

二、实验仪器

本实验所用仪器包括光具座(或光学平台)、凸透镜、凹透镜、物屏、白屏、平面反射镜、光源。

三、实验原理

在近轴光线的条件下,薄透镜成像的高斯公式为

$$\frac{f'}{s'}+\frac{f}{s}=1 \tag{5-24-1}$$

当将薄透镜置于空气中时,焦距为

$$f'=-f=\frac{s's}{s-s'} \tag{5-24-2}$$

式中,f'为像方焦距;f为物方焦距;s'为像距;s为物距。

式(5-24-2)中各量均以薄透镜中心(光心)为起点,与光线传播方向相同为正,相反为负,如图5-24-1所示。在实验中分别测出物距s和像距s',即可用式(5-24-2)求出该透镜的焦距f'。注意:测出的量须添加符号,求出的量则根据求出结果中的符号判断其物理意义。

对于凸透镜焦距的测量,除了用薄透镜的成像公式法测量之外,还可用以下几种方法。

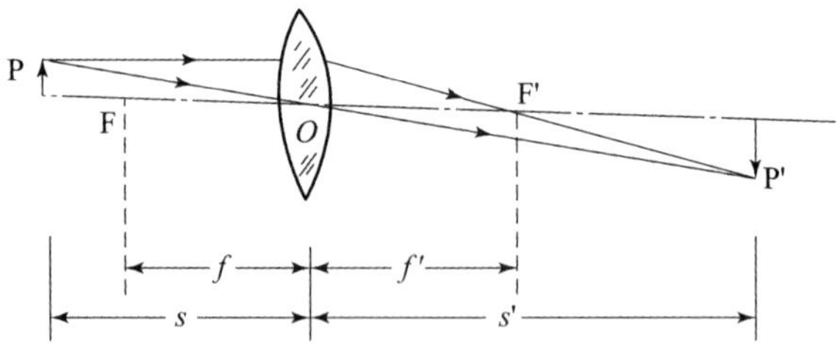

图 5-24-1　薄透镜成像

1. 粗略估测法

以太阳光或较远的灯光为光源，用凸透镜将其发出的光线聚成一个光点（或像），此时，$s\to\infty$，$s'\approx f'$，即该点（或像）可认为是焦点，而光点到透镜中心（光心）的距离，即为凸透镜的焦距。粗略估测法测量的误差约为10%。由于这种方法误差较大，因此一般在实验前选用粗略估测法挑选透镜。

2. 自准直法

如图5-24-2所示，在待测凸透镜L的一侧放置被光源照明的1字形物屏AB，在另一侧放一个平面反射镜M，移动凸透镜（或物屏），当物屏AB正好位于凸透镜的焦平面时，物屏AB上发出的光线经凸透镜折射后，将变为平行光线，然后被平面反射镜M反射回来，再经凸透镜折射后，仍会聚在凸透镜的焦平面上，即原物屏AB平面上，形成一个与原物屏AB大小相等，方向相反的倒立实像A′B′。此时物屏到凸透镜之间的距离，就是待测凸透镜的焦距，即

$$f'=s \tag{5-24-3}$$

由于这个方法是利用调节实验装置本身使其产生平行光以达到聚焦的目的，因此称为自准直法，它的测量误差在1%～5%之间。

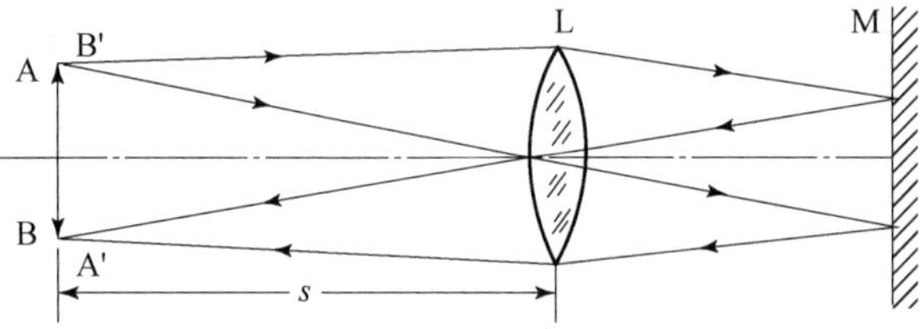

图 5-24-2　自准直法

3. 二次成像法

成像公式法、粗略估测法、自准直法都因为凸透镜的中心位置不容易确定，所以在测量中会造成误差。为避免这一缺点，使物屏和像屏之间的距离 $D>4f'$，且保持不变，沿光轴方向移动凸透镜，则能够在像屏上观察到二次成像。如图5-24-3所示，当物距为 s_1 时，得到放大的倒立实像；当物距为 s_2 时，得到缩小的倒立实像，凸透镜两次成像之间的位移为 d，根据薄透镜成像公式，将 $s_1=-s_2'=\dfrac{-D-d}{2}$，$s_1'=-s_2=\dfrac{D+d}{2}$ 代入式(5-24-2)中可得

$$f'=\frac{D^2-d^2}{4D} \tag{5-24-4}$$

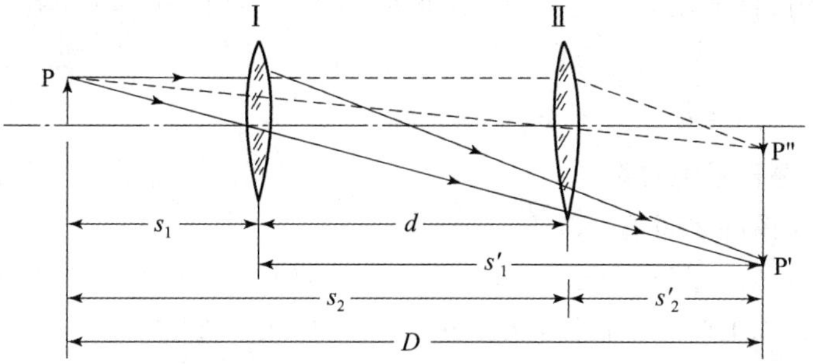

图 5-24-3　二次成像法

可见，只要在光具座上确定物屏、像屏及凸透镜二次成像时其滑座边缘所在位置，就可以较准确地求出焦距 f'。这种方法无须考虑透镜本身的厚度，测量误差可达到 1%。

对于凹透镜，由于它对光线有发散作用，不能对实物成像，因此不能完全按照测量凸透镜焦距的方法测量其焦距。下面介绍测凹透镜焦距的方法——辅助透镜成像法。

如图 5-24-4 所示，先使物屏 AB 发出的光线经凸透镜 L_1 后形成一个大小适中的实像 $A'B'$，然后在 L_1 和 $A'B'$之间放入待测凹透镜 L_2，使虚物屏 $A'B'$产生一实像 $A''B''$。分别测出 L_2 到 $A'B'$和 $A''B''$之间距离 s_2、s_2'，根据式(5-24-4)，即可求出 L_2 的像方焦距 f_2'。

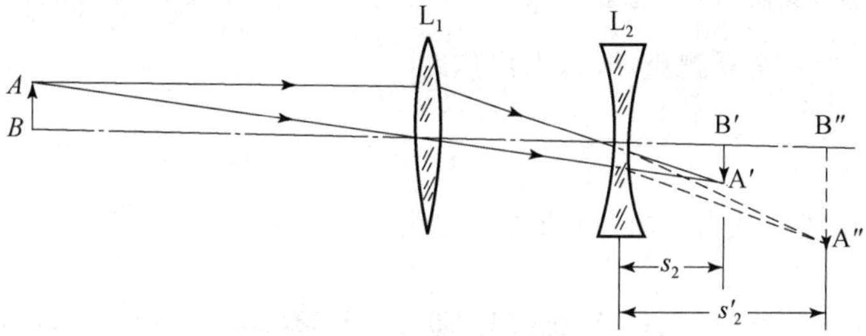

图 5-24-4　辅助透镜成像法

四、实验步骤

1. 同轴等高的调节

对光具座上的各光学元件进行同轴等高的调节。

2. 自准直法测凸透镜焦距

(1)如图 5-24-2 所示，放置光学元件，其中用 1 字形屏作物屏，并用白炽光源照明。

(2)固定物屏 AB，移动凸透镜 L，当凸透镜 L 靠近平面镜 M 时，绕铅直轴略转动平面镜 M (思考：M 远离凸透镜 L 会出现什么现象)，直到在物屏 AB 上得到一个与物屏 AB 等大倒立的清晰实像 $A'B'$为止(注意区分物屏光线经凸透镜内表面和平面镜反射后所成的像，前者不随平面镜转动而移动)。

(3)记录物屏 AB 的位置读数 X_{AB}与凸透镜 L 位置读数 X_L。计算该凸透镜 L 的焦距。要求重复测量 3 次，求出焦距 $\overline{f}'$。

3. 物距像距法测凸透镜焦距

(1)先用粗略估测法测量待测凸透镜焦距，然后将物屏和像屏放在光具座上，在两屏之间放入凸透镜，调节物屏、透镜和像屏的中心等高，并与主光轴垂直。

(2)移动凸透镜,直到在像屏上看到清晰的像为止,记录物距 s 与像距 s',根据式(5-24-2),求出焦距 f'。

(3)改变屏的位置,重复测量 3 次,求出焦距 $\overline{f}'$。

4. 二次成像法测凸透镜焦距

(1)固定物屏与像屏之间的距离 $D>4f'$。

(2)如图 5-24-3 所示,移动凸透镜,使在像屏上 2 次所成像的中心位置不变,然后记下 2 次成像时,凸透镜在光轴上的 2 个位置,从而算出 d,并由式(5-24-4)求出 f'。

(3)重复测量 3 次,求出焦距 $\overline{f}'$。

5. 辅助透镜成像法测凹透镜焦距

(1)如图 5-24-4 所示,调节各元件同轴后,暂时不放入凹透镜 L_2,移动凸透镜 L_1,使像屏上出现清晰的、倒立的、大小适中的实像 $A'B'$,记下 $A'B'$的位置。

(2)保持凸透镜 L_1 的位置不变,将凹透镜 L_2 放入 L_1 与像屏之间,移动像屏,使像屏上重新得到清晰的、放大的、倒立的实像 $A''B''$。

(3)记录凹透镜 L_2 的位置和实像 $A''B''$的位置,算出物距 s 和像距 s',代入式(5-24-2),求出焦距 f'。

(4)改变凹透镜 L_2 位置(注意虚物屏 $A'B'$距与所成实像 $A''B''$两者的位置差不能太小,以免有效数字位数太少),重复测量 3 次,求出焦距 $\overline{f}'$。

五、数据处理

自拟表格,记录实验数据,并计算凸透镜的焦距。

实验 25　用牛顿环测平凸透镜的曲率半径

一、实验目的

(1)观察牛顿环产生的干涉现象,了解等厚干涉的特点,加深对干涉原理的理解。

(2)掌握用牛顿环测平凸透镜的曲率半径的原理和方法。

(3)掌握读数显微镜的使用方法。

二、实验仪器

本实验所用仪器包括牛顿环装置、读数显微镜。

三、实验原理

当某薄膜层的上、下表面有一个很小的倾角时,由同一光源发出的光,经薄膜的上、下表面反射后,在上表面附近相遇时产生干涉,在厚度相同的地方形成同一干涉条纹,这种干涉称为等厚干涉。光的等厚干涉原理在生产实践中具有广泛应用,它可用于检测透镜的曲率,测量光波波长,精确地测量微小长度、厚度和角度,检验物体表面的粗糙度、平整度等。牛顿环是等厚干涉原理最典型的例子之一,是用分振幅方法形成的干涉现象,产生的是等厚干涉条纹。

一个曲率半径很大的平凸透镜的凸面与一块磨光的平玻璃板相接触时，在平凸透镜的凸面和平玻璃板之间就形成了一个空气薄膜，离接触点等距离的地方，厚度相同，如图 5-25-1 所示。当波长为 λ 的平行单色光垂直入射时，由空气薄膜上、下表面反射的两束光在平凸透镜的凸表面附近相遇，并发生等厚干涉，其干涉条纹是以接触点 O 为中心的一系列明暗交替的同心圆环（中心处是一个暗斑），且同一圆环的空气薄膜厚度相等。

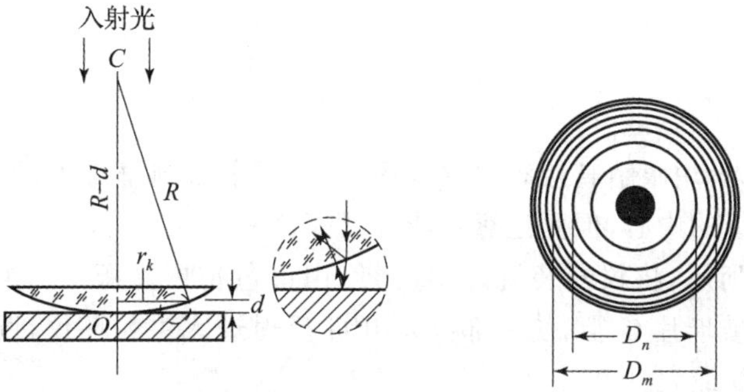

图 5-25-1　牛顿环干涉现象

在干涉条纹上，光程差相等处，形成以接触点 O 为中心，r 为半径的明暗相间的同心圆。设平凸透镜的曲率半径为 R，形成的 k 级干涉暗纹的半径为 r_k，空气薄膜厚度为 d，可得

$$R=\frac{r_k^2}{k\lambda}\quad (k=0,1,2,\cdots) \tag{5-25-1}$$

如果已知入射光的波长 λ，并测得第 k 级暗纹的半径 r_k，则可由上式算出平凸透镜的曲率半径 R。

实际上，在观察牛顿环时发现，牛顿环的中心不是一个几何点，而是一个不清晰的、暗的或亮的圆斑。其原因是平凸透镜和平玻璃板接触时，由于接触压力引起平凸透镜形变，又或者镜面上可能有微小灰尘等，从而产生附加的光程差，因此牛顿环的圆心难以确定，并且绝对干涉级次也无法确定。所以实验中采用以下方法来测定平凸透镜的曲率半径 R。

为了减少误差，必须测量距中心较远的、比较清晰的两个环纹的半径，例如，测量出第 m 个和第 n 个暗环的半径，因此式(5-25-1)可修正为 $r_m^2=(m+j)R\lambda$，$r_n^2=(n+j)R\lambda$。式中，m、n 均为环序数；$m+j$、$n+j$ 是干涉级数；j 为干涉修正值。于是有

$$r_m^2-r_n^2=(m-n)R\lambda \tag{5-25-2}$$

式(5-25-2)表明，任意两环的半径平方差和干涉级数及环序数无关，而只与两个环的环序数之差$(m-n)$有关。因此，只要精确地测定两个环的半径，由两个半径的平方差就可以准确地计算出平凸透镜的曲率半径 R。因为暗环圆心不易确定，所以取暗环的直径替换半径，透镜的曲率半径可表示为

$$R=\frac{D_m^2-D_n^2}{4(m-n)\lambda} \tag{5-25-3}$$

实验用的牛顿环仪是由曲率半径为 200～700 cm 的待测平凸透镜 L 和磨光的平玻璃板 P 叠合装在金属框架 F 中构成的，如图 5-25-2 所示。金属框架边上有 3 个螺钉 H，用来调节 L 和 P 之间的距离，以改变干涉条纹的形状和位置。调节 H 时，螺钉不可旋得过紧，以免接触压力过大引起平凸透镜弹性形变，甚至损坏平凸透镜。

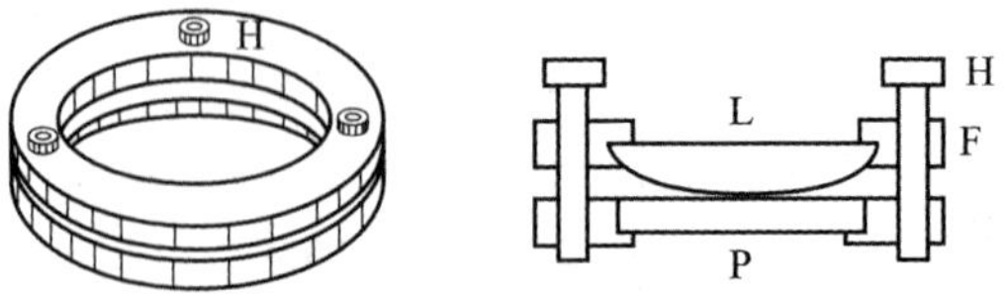

图 5-25-2　牛顿环仪装置图

四、实验步骤

1. 调整测量装置

(1)借助室内灯光，用眼睛直接观察牛顿环装置，调节金属框架上的螺钉使干涉条纹环呈圆形，并位于平凸透镜的中心，但要注意不能拧紧螺钉。

(2)如图 5-25-3 所示，将仪器装置好，直接使用单色扩展光源——钠光灯照明，由光源 S 发出的光照射到 45°玻璃片 G 上，使一部分光由 G 反射进入牛顿环仪，调节玻璃片 G，使读数显微镜 M 视野中亮度最大。

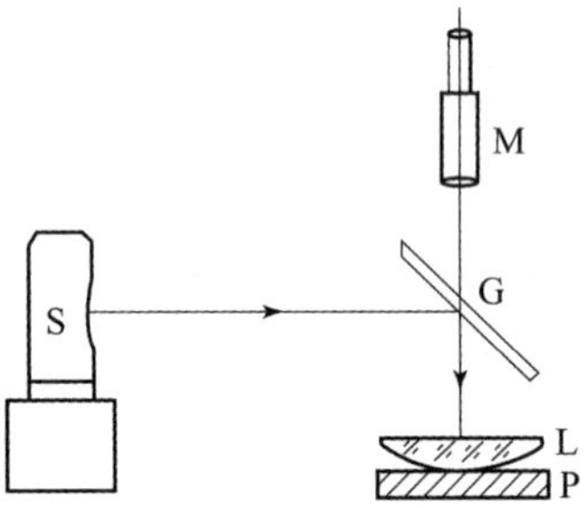

图 5-25-3　牛顿环实验装置图

(3)调节读数显微镜 M 的目镜，使目镜中看到的叉丝最清晰。将读数显微镜 M 对准牛顿环仪的中心，从下向上移动镜筒，对干涉条纹进行调焦，使看到的环纹尽可能清晰，并与读数显微镜 M 的测量叉丝之间无视差。测量时，读数显微镜 M 的叉丝最好调节成其中一根叉丝与读数显微镜 M 的移动方向垂直，移动时始终保持这根叉丝与干涉条纹相切，这样便于观察、测量。

(4)观察干涉条纹的分布特征：仔细观察各级条纹的粗细是否一致，条纹间隔距离有无变化；观察牛顿环中心是亮斑还是暗斑，如果是亮斑，则用擦镜纸仔细地将接触的两个表面擦干净，使中心呈暗斑。

2. 测量牛顿环的直径

(1)粗调仪器，移动牛顿环装置，使十字准线(叉丝)的交点与牛顿环中心重合。

(2)拧松紧固的目镜螺钉(该螺钉应始终对准槽口)，转动目镜，使十字准线中的一条线与标尺平行，即与镜筒移动方向平行。

(3)转动读数显微镜的读数鼓轮，镜筒将沿着标尺平行移动，检查十字准线中竖线与干涉条纹的切点是否与十字准线交点重合，若不重合，则按照步骤(1)、(2)再仔细调节(检查左、右两侧测量区域)。

(4)转动读数鼓轮，观察十字准线从中央缓慢向左(或向右)移至第 16 环。注意$(m-n)$不宜太小，一般取$m>5$。建议采集牛顿环第 6 环到第 15～第 25 环范围内的各暗环的直径数据，靠近中心的环因为形变较大，所以不宜采集。

(5)反方向转动鼓轮，当十字准线竖线与第 20 环外侧相切时，记录读数显微镜上的位置读数。图 5-25-4 中所示为在读数显微镜的目镜中观测干涉条纹，其中某些竖直的虚线，即叉丝，与暗环相切。然后继续转动鼓轮，使竖线依次与第 14、第 13、第 12……第 6 环外侧相切，并记录读数。继续转动鼓轮，并读出环的顺序，直到十字准线回到牛顿环中心。

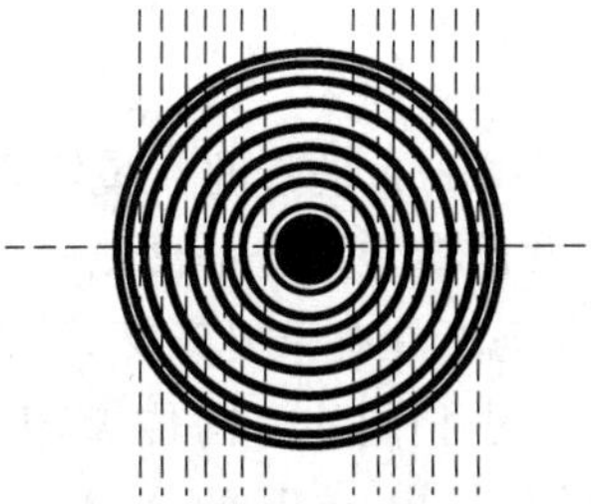

图 5-25-4　在读数显微镜的目镜中观测干涉条纹

(6)继续按原方向转动读数鼓轮，越过干涉圆环中心，记录十字准线与右边(或左边)第 6、第 7、第 8……第 15 环外切时的读数。

(7)求出各环的直径，把数据分为 A、B 两组，A 组包括从第 6 环到第 10 环的数据，B 组包括从第 11 环到第 15 环的数据。用逐差法处理所得数据，求出直径平方差的平均值$\overline{D_m^2-D_n^2}$，代入式(5-25-3)中，计算平凸透镜的曲率半径 R。

五、数据处理

将实验数据填入表 5-25-1，并计算平凸透镜的焦距。

表 5-25-1　测量暗纹直径

光源波长：λ=________nm

环数 n	读数显微镜的位置读数/mm		直径 D/mm	D^2/mm^2
	干涉条纹左边	干涉条纹右边		
第 15 环				
第 14 环				
第 13 环				
……				
第 6 环				

实验 26　用双棱镜测光波的波长

一、实验目的

(1)观察双棱镜产生的双光束干涉现象，进一步了解产生干涉的条件。

(2)学会用双棱镜测光波的波长。

二、实验仪器

本实验所用仪器包括光具座(或光学平台)、双棱镜、可调狭缝、测微目镜、光源、凸透镜、观察屏。

三、实验原理

1826 年,法国科学家菲涅耳(J. Fresnel)进行的双棱镜实验,证明了光的干涉现象的存在,和杨氏双缝干涉实验在物理学史上共同奠定了光的波动学的实验基础。菲涅耳双棱镜实验的物理思想、实验方法和测量技巧至今仍然具有重要意义,值得我们学习。

如果两列频率相同的光波沿着几乎相同的方向传播,并且这两列光波的位相差不随时间变化而变化,那么在两列光波相交的区域内,光强的分布是不均匀的,在一些地方表现为加强,在另一些地方表现为减弱(甚至可能为零),这种现象称为光的干涉。产生光的干涉现象需要使用相干光源,可以通过将同一个光源发出的光分成两束光来实现,方法包括分波阵面和分振幅两种。本实验的双棱镜干涉属于分波阵面法,薄膜等厚干涉属于分振幅法。

菲涅耳利用图 5-26-1 中所示装置,获得了双光束的干涉现象。图 5-26-1 中双棱镜 B 是一个分割波前的分束器,它的外形结构如图 5-26-2 所示。将一块平玻璃板的上表面加工成两楔形板,端面与棱脊垂直,楔角较小(一般小于 1°)。当狭缝 S 发出的光波投射到双棱镜 B 上时,借助棱镜界面的两次折射,其光波便被分割成两部分,即形成沿不同方向传播的两束相干光源。通过双棱镜观察这两束光,就好像它们是由虚光源 S_1 和 S_2 发出的一样,所以在两束光相互交叠区域内产生光的干涉现象。如果狭缝的宽度较小且双棱镜的棱脊和光源狭缝平行,则可在观察屏 Q 上观察到平行于狭缝的等间距干涉条纹。

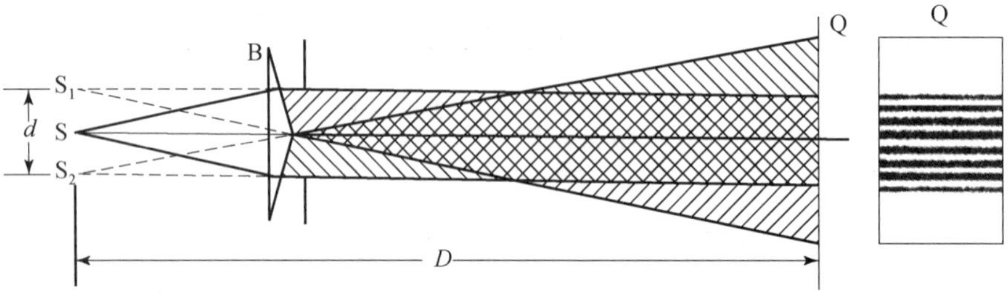

图 5-26-1　双棱镜的干涉及干涉条纹

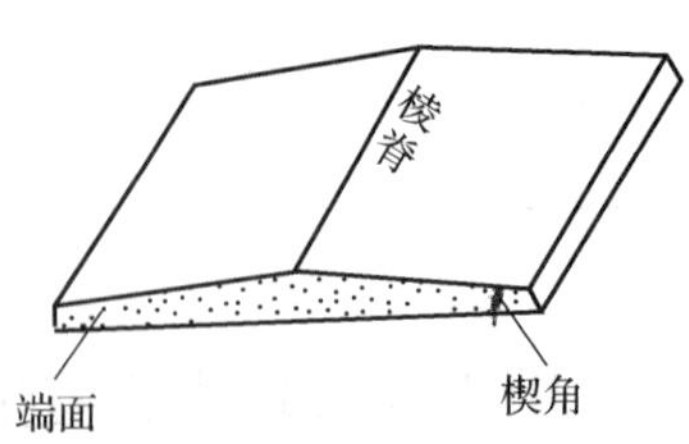

图 5-26-2　双棱镜外形

设 d 代表两个虚光源 S_1 和 S_2 间的距离,D 为虚光源所在的平面(近似地在光源狭缝 S 的平面内)至观察屏 Q 的距离,且 $d \ll D$,任意两条相邻的亮(或暗)条纹间的距离为 ΔX,则实验

所用光波波长 λ 可为由下式表示为

$$\lambda=\frac{d}{D}\Delta X \tag{5-26-1}$$

式(5-26-1)表明，只要测出 d、D 和 ΔX，就可以求出光波的波长。这正是本实验的测量模型。

两虚光源间的距离为 d，可将已知焦距为 f 的会聚透镜 L 置于双棱镜 B 与测微目镜 O 之间，如图 5-26-3、图 5-26-4 所示，由凸透镜二次成像法求得。只要使测微目镜到狭缝的距离大于 $4f$，前后移动凸透镜，就可以在凸透镜的两个不同位置上，从测微目镜中观察到两个虚光源 S_1 和 S_2 经凸透镜所成的实像，其中一个为放大的实像，另一个为缩小的实像。如果分别测得两个放大实像的间距 d_1 和两个缩小实像的间距 d_2，则根据下式：

$$d=\sqrt{d_1 d_2} \tag{5-26-2}$$

即可求得两个虚光源之间的距离 d。

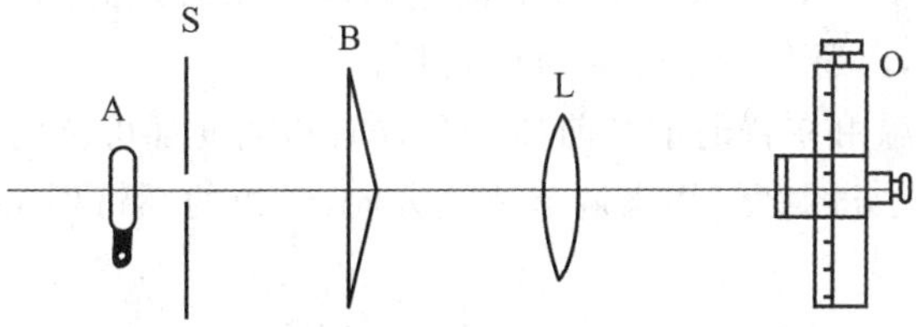

图 5-26-3 测量两虚光源间的距离 d 的装置图

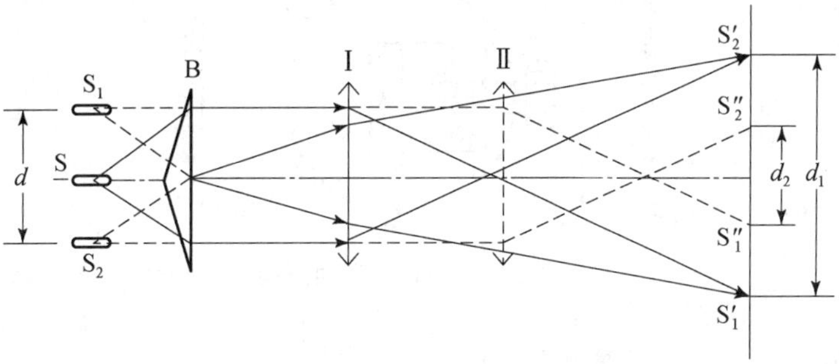

图 5-26-4 S_1 和 S_2 的成像光路图

由于干涉条纹宽度 ΔX 和两个虚光源的距离 d 很小(约为毫米级)，因此必须使用测微目镜进行测量。测微目镜是用来测量微小实像线度的仪器，具有测量范围较小、准确度较高的特征，其结构如图 5-26-5(a)所示。在目镜的焦平面附近，有一块量程为 8 mm 的刻线玻璃标尺，其分度值为 1 mm，如图 5-26-5(b)所示。在刻线玻璃标尺后 0.1 mm 处，平行地放置了一块分划板，分划板由薄玻璃片制成，其上刻有十字准线和一对双线(有的测微目镜只有一根竖直准线)。人眼贴近目镜观察时，可同时看到这块分划板和玻璃标尺的刻线。分划板的框架与读数鼓轮相连，当读数鼓轮旋转时，分划板会左右移动。鼓轮每转一圈(100 小格)，分划板移动 1 mm(即鼓轮每小格 0.01 mm)。测量微小实像时，首先，调节目镜与分划板间的距离，能够清晰地观察到分划板上的准线；其次，调节测微目镜与待测实像的距离，使实像清晰并与准线无视差；再次，旋转读数鼓轮，使准线对准待测实像的一边，读下此时分划板标尺的读数和鼓轮读数；然后，再旋转读数鼓轮，使准线对准待测实像的另一边，读下分划板标尺的读数和鼓轮读数；最后，把前后两次读数相减，即得到待测实像的宽度。

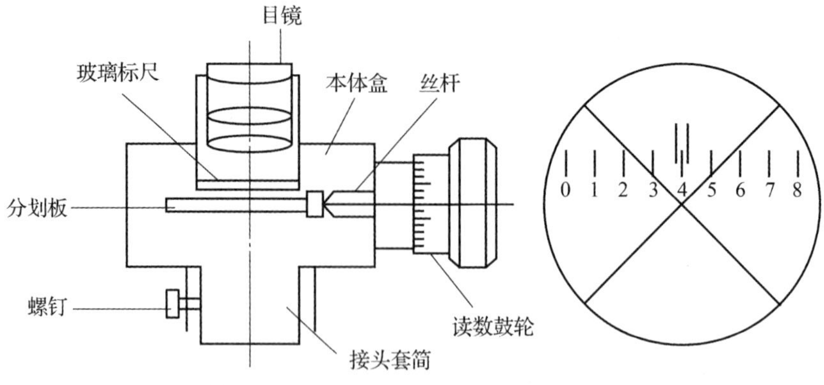

(a) 测微目镜的结构　　(b) 玻璃标尺

图 5-26-5　测微目镜

测微目镜的不确定度限值为 0.004 mm，测量时应注意必须向同一方向旋转鼓轮，中途不要向相反方向旋转鼓轮，以避免产生螺距回程误差。

本实验所用的线光源由在普通钠灯前加一个方向和宽度都可调的狭缝构成。可调狭缝的结构如图 5-26-6 所示，上方的螺钉用来调节狭缝方向，旁边的螺钉用来调节狭缝宽度。

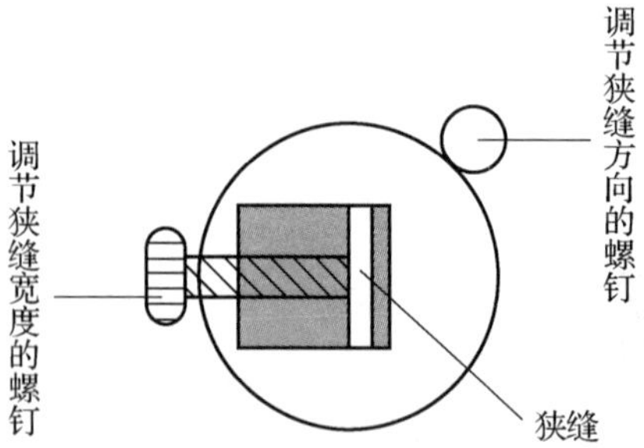

图 5-26-6　可调狭缝的结构

四、实验步骤

(1)如图 5-26-3 所示，依次放置好各光学元件(如果用激光作为光源，则需加扩束镜)，粗略调节光学系统共轴。调节光源与狭缝 S 之间的会聚透镜(图 5-26-3 中未画出)与狭缝 S 之间的距离，使光线会聚于狭缝 S 处；把双棱镜 B 置于与狭缝适当距离处；棱脊和狭缝的取向大体平行；调节观察屏使之与狭缝的距离大于会聚透镜 L 焦距的 4 倍。

(2)移动会聚透镜 L_2，使虚光源 S_1 和 S_2 在观察屏上成放大的实像。光经过狭缝后成为相干光源，如果相干光源通过棱镜后分光均匀，两个虚光源所成的实像应是两根平行的、大小和亮度都相等的矩形亮柱。如果两个实像大小或亮度不相等，则说明双棱镜分光不均匀，此时应左右微调狭缝或双棱镜，使分光均匀。然后移动会聚透镜 L，观察屏上将得到虚光源 S_1 和 S_2 缩小的实像。如果光学系统已调节共轴，则缩小实像与放大实像的中心应重合。如果不重合，则应继续进行调节，直至光学系统等高共轴。

(3)测量两个虚光源的间距 d。

固定狭缝与双棱镜的位置不变，移动会聚透镜 L 使观察屏上得到虚光源放大的实像，取下观察屏换上测微目镜，从测微目镜中可以看到虚光源清晰的实像，当图像不是很清晰时，可前后稍微移动测微目镜，使图像清晰。为减小像差，可以在光路中加入一个孔径光阑。当用测微目镜测量实像的间距 d_1 时，可分别测出两个实像的左侧距离和右侧距离，取其平均值为 $\overline{d}_1$。固定测微目镜位置不变，移动会聚透镜 L_2，能够在测微目镜中看到虚光源缩小的、清晰的实像，使用与 d_1 相同的测量方法，测出缩小实像的间距 d_2。由此，根据式(5-26-2)，即可求出两个虚光源之间的距离 d。

(4)观察干涉现象并测量干涉条纹的间距 ΔX。

①保持狭缝与双棱镜的位置不变，移去会聚透镜 L，把测微目镜移至与狭缝距离约 30 cm 的位置。手执观察屏在双棱镜后面观察，白屏上的亮斑中有一个亮柱，即干涉区域。观察干涉区域是否进入测微目镜。如果干涉区域进入测微目镜，则可以从测微目镜中进行观察。

②减小狭缝宽度(以提高光源的空间相干性)，一般情况下可以从测微目镜观察到不太清晰的干涉条纹或干涉区域(一条竖直亮带)。然后绕系统光轴缓慢旋转狭缝架上向左或向右偏转螺钉，或调节双棱镜架上的调节螺钉，微调棱脊取向，这时棱镜的棱脊与狭缝的取向严格平行，直到显现出清晰的干涉条纹。

③用测微目镜测量干涉条纹的宽度，可测出 n 条(10～20 条)干涉条纹的间距，再除以 n，即得 ΔX。重复测量 3 次，求出 $\overline{\Delta X}$。

④记下测微目镜和狭缝的位置，求出二者的距离 D。

(5)将测得的 D、$\overline{\Delta X}$、d 值代入式(5-26-1)，求出光源的光波的波长。

(6)计算波长测量值的标准不确定度。

五、数据处理

自拟表格，记录实验数据，并计算光源发出的光波的波长。

实验 27　迈克耳孙干涉仪的调节与使用

一、实验目的

(1)了解迈克耳孙干涉仪的结构和干涉花样的形成原理。

(2)学会调整和使用迈克耳孙干涉仪。

(3)观察等倾干涉条纹，测量待测光波的波长。

(4)观察等厚干涉条纹，测量钠灯的双线波长差。

二、实验仪器

本实验所用仪器包括 WSM-100 型迈克耳孙干涉仪、氦氖激光器。

三、实验原理

迈克耳孙干涉仪的使用原理简明，结构巧妙，堪称精密光学仪器的典范。其原理是用分振幅的方法产生双光束以实现光的干涉现象。它的主要特点是两个相干光束完全分开，这就很容易通过改变其中一个光束的光程来改变两个相干光束的光程差，而光程差可以用光波的波长作为单位来量度。随着仪器的不断改进，还能将其用于光谱线精细结构的研究和利用光波定标准米尺等实验。因此，根据迈克耳孙干涉仪的基本原理，研制的各种精密仪器已被广泛用于长度精密计量、光学平面的质量检测和傅里叶光谱技术等方面，迈克耳孙干涉仪是许多近代干涉仪的原型。

(1)使用仪器。WSM-100 型迈克耳孙干涉仪如图 5-27-1 所示。

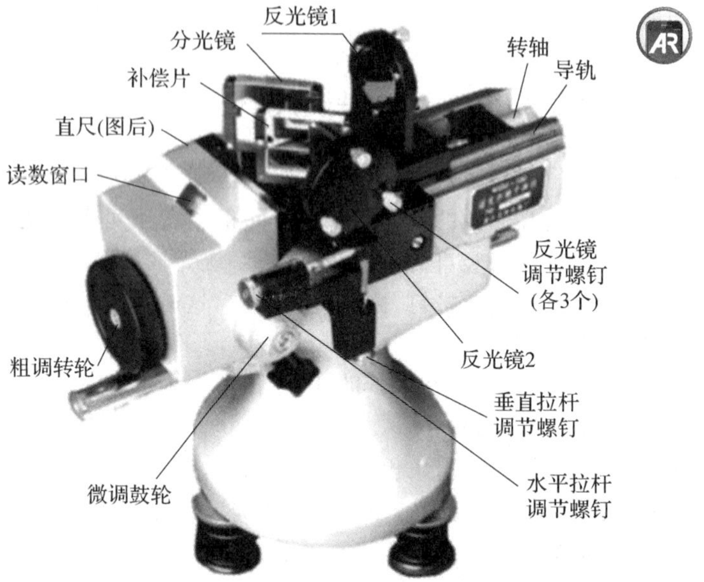

图 5-27-1　WSM-100 型迈克耳孙干涉仪实物图

各部分有以下功能。

①反光镜 1 和反光镜 2。这是两个相互垂直放置的平面镜，镜面镀有金属膜，具有很高的反射率。平面镜背面各有 3 个调节螺钉，用以调节镜面的方位，即必须调节两个反光镜严格垂直。反光镜 1 装在拖板上，由精密丝杆控制，可沿导轨前后移动。反光镜 2 是固定的，其下方连接着水平拉杆调节螺钉和垂直拉杆调节螺钉，可微调反光镜的角度。

②分光镜和补偿片。分光镜又称补偿板，是一块平行平面的玻璃板，其第二个平面上镀有一层半透反射膜，可以将以 45°角入射的一列光分为两列振幅几乎相等的反射光和透射光。补偿片又称为补偿板，也是一块平行平面的玻璃板，它的厚度和折射率都与分光镜相同，并且与分光镜平行放置，用以补偿通过分光镜的透射光与反射光之间附加的光程差。

③传动部分和读数系统。转动大转轮和微调鼓轮，都可使导轨上的转轴转动，从而带动反光镜 1 沿着导轨移动。反光镜 1 的位置或移动的距离可由机体侧面的直尺(毫米刻度尺)、读数窗口内刻度和微调鼓轮的读数确定。

粗调转轮转动一周，拖板移动 1 mm，则反光镜 1 移动 1 mm，同时，读数窗口内的鼓轮也转动一周，鼓轮的一圈被等分为 100 格，每格为 10^{-2} mm。微调鼓轮每转动一周，拖板移动 0.01 mm，从读数窗口中可看到读数刻度移动一格，而微调鼓轮的周线被等分为 100 格，则每格表示 10^{-4} mm。如图 5-27-2 所示，读数为 33.522 46 mm。

④底座。底座是由生铁铸成，质量较大，确保了仪器的稳定性。由 3 个调平螺钉支撑，调平后可以拧紧锁紧圈以保持底座稳定。

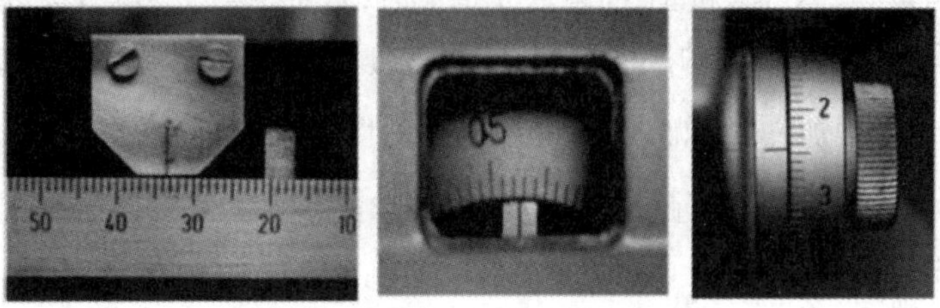

图 5-27-2　读数系统

(2)工作原理和测量光波的波长。

迈克耳孙干涉仪的工作原理如图 5-27-3 所示，光束 S 以 45°角入射到分光镜 P_1，通过半透膜的分光作用，分为反射光 1 和透射光 2。反射光 1 到达反射镜 M_1 后，再次被反射沿原路返回，记为反射光 1′，1′通过 P_1 得到透射光 1″。透射光 2 经过补偿板 P_2 到达反光镜 M_2 后，被反射沿原路返回记为 2′，经过 P_1 得到反射光 2″。光线 1″和 2″来自同一光源 S，因此是相干光源，它们到达 E 处时将产生干涉现象。

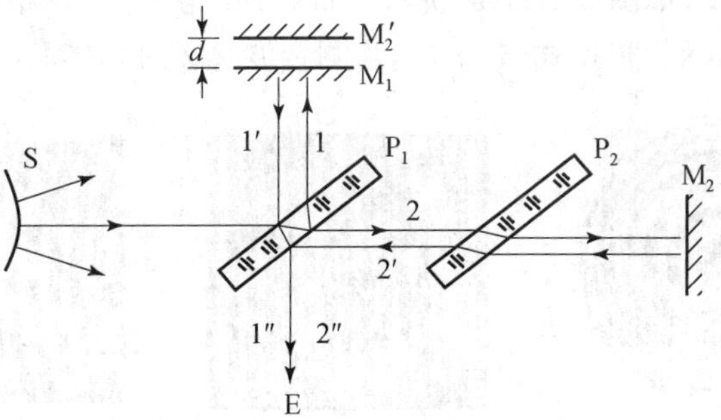

图 5-27-3　迈克耳孙干涉仪的工作原理

光线 2″是分光镜 P_1 的第二次反射得到的，这样使得 M_2 在 M_1 的附近(前面或后面)形成一个平行于 M_1 的虚像 M_2'，因此，在迈克耳孙干涉仪中，自 M_1，M_2 的反射光等同于自 M_1，M_2' 的反射光。所以，在迈克耳孙干涉仪中产生的干涉等同于厚度为 d 的空气薄膜所产生的干涉。M_1 和 M_2'反射的两束光的光程差为

$$\delta' = 2dn_2\cos i \tag{5-27-1}$$

两束相干光源的明暗条件为

$$\delta = 2dn_2\cos i = \begin{cases} k\lambda, & \text{明}, \\ \left(k+\dfrac{1}{2}\right)\lambda, & \text{暗} \end{cases} \quad (k=1,2,3,\cdots) \tag{5-27-2}$$

式中，i 为反射光 1 在平面反射镜 M_1 上的反射角；λ 为入射光的波长；n_2 为空气薄膜的折射率，近似为 1；d 为薄膜厚度。它们处于同一级干涉条纹，并定位于无穷远。如果在 E 处放一个会聚透镜，则将在其焦平面上看到一组明暗相间的同心圆环。

光线的 i 相同，则光程差相等，并且得到的干涉条纹随着 M_1 和 M_2' 的距离 d 的改变而改变。当 $i=0$ 时，光程差最大，在 E 处对应的干涉条纹级数最高。由式(5-27-2)得

$$2d\cos i = k\lambda$$

$$d = \frac{k}{\cos i}\,\frac{\lambda}{2} \tag{5-27-3}$$

由式(5-27-3)可知，当 M_1 和 M_2' 的距离 d 增大时，对于任一个 k 级干涉条纹，其 $\cos i$ 的值将减小，此干涉条纹将向 i 变大的方向移动，即条纹向外扩展，我们将看到条纹从中心向外“涌出”，并且当距离 d 每增加 $\frac{\lambda}{2}$ 时，就有一个条纹从中心“涌出”。反之，当距离 d 每减少 $\frac{\lambda}{2}$ 时，就会有一个条纹从中心“陷入”。由此可见，连续“涌入”或“陷入” N 个条纹时，距离 d 的改变量 Δd 满足的关系为

$$\Delta d = N\frac{\lambda}{2} \tag{5-27-4}$$

所以在实验时只要数出“涌出”或“陷入”的条纹个数 N，读出 d 的改变量 Δd，就可以计算出光波的波长 λ 的值为

$$\lambda = \frac{2\Delta d}{N} \tag{5-27-5}$$

S 发出的与 M_1 的入射角均为 i 的圆锥面上所有光线，经透镜 L 会聚在半径为 r 的同一圆上。实验时，如果 M_2 与 M_1 严格垂直，则我们用眼睛观察到的图像就是明暗相间的同心圆环，称为等倾干涉条纹，如图 5-27-4(a)所示。如果 M_2 与 M_1 不严格垂直，则出现等厚干涉条纹，如图 5-27-4(b)、(c)所示。根据式(5-27-3)，当测量波长 λ 时，必须在等倾干涉条纹下进行。

(a) 等倾干涉条纹　　(b) 等厚干涉条纹　　(c) 等厚干涉条纹

图 5-27-4　干涉条纹

四、实验步骤

1. 迈克耳孙干涉仪的调整

(1)按照迈克耳孙干涉仪的工作原理图，如图 5-27-5 所示，摆好钠灯和迈克耳孙干涉仪。在钠灯的灯罩上放置毛玻璃，点亮钠灯，得到均匀的扩展光源，在光源和 P_1 之间加一个指针或尖状物(如笔尖)。

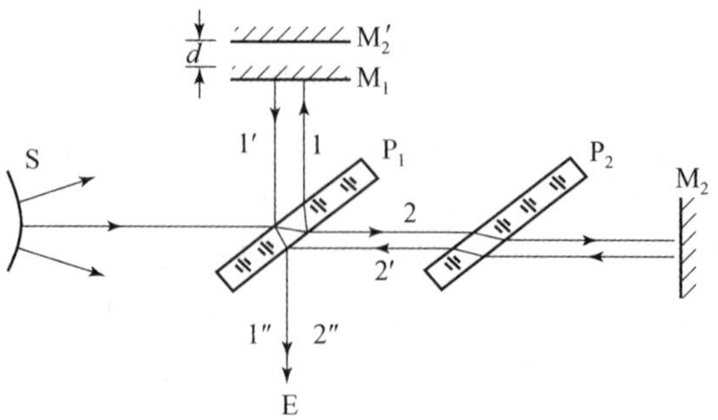

图 5-27-5　迈克耳孙干涉仪的工作原理图

(2)旋动粗调转轮,使得 M_1 和 M_2 至 P_1 镀膜面的距离大致相等,沿 EP_1 方向观察,将看到尖状物有 3 个像(其中 2 个像基本固定不动,称为固定像,第 3 个像随着对 M_1 和 M_2 背后的 3 个螺钉的调节会发生移动,称为可动像)。

(3)仔细调节 M_1 和 M_2 背后的 3 个调节螺钉,改变 M_1 和 M_2 的相对方位,直至可动像与两个固定像之一在水平方向和铅直方向均完全重合;再继续微调 3 个调节螺钉,可观察到干涉条纹(此时一般是等厚干涉条纹)。

(4)细致、缓慢地调节 M_2 下方的 2 个弹簧螺钉,使得干涉条纹中心跟随观察者的眼睛左右上下移动,但不发生条纹的"涌出"或"陷入"现象。此时,才是严格的等倾干涉条纹。

2. 测量激光的波长

(1)旋转粗调转轮,使 M_1 移动,观察条纹"涌出"或"陷入"现象,观察 d 的取值与条纹粗细、疏密的关系,练习读毫米标尺、读数窗口和微调鼓轮上面的读数。掌握干涉条纹"涌出"或"陷入"个数、速度与调节微调鼓轮的关系。

(2)当视场中出现清晰的、视见度好的干涉圆环时,读出 M_1 所在的位置,此为"0"位置,然后沿着同一方向转动微调鼓轮,仔细数出干涉条纹"涌出"或"陷入"的个数。每隔 50 或 100 个条纹,记录一次 M_1 的位置,连续记录 6～8 个这样的位置。

(3)由式(5-27-5)计算激光的波长和测量不确定度,取其平均值与公认值(632.8 nm)进行比较,计算其百分误差。

五、数据处理

自拟表格,记录实验数据,计算激光的波长,并与公认值进行比较,计算其百分误差。

实验 28　分光计的调节

一、实验目的

(1)了解分光计的结构。

(2)掌握调节和使用分光计的方法。

二、实验仪器

本实验所用仪器包括汞灯源、玻璃三棱镜、JJY 型分光计。

三、实验原理

分光计的型号和规格有很多,但基本结构大致相同。本节主要以 JJY 型分光计为例进行讲解。JJY 型分光计的结构图,如图 5-28-1 所示,它主要由自准直望远镜(以下简称望远镜)、平行光管、载物平台和读数装置组成。

(1)望远镜的作用是接收平行光以确定该光的传播方向,其结构如图 5-28-2 所示,它由目镜、全反射棱镜、分划板和物镜等组成。目镜、全反射棱镜、分划板和物镜分别装在可以前后移动的 3 个套筒中。分划板上刻有上下 2 个十字叉丝和透光小十字刻线(即十字窗口)。

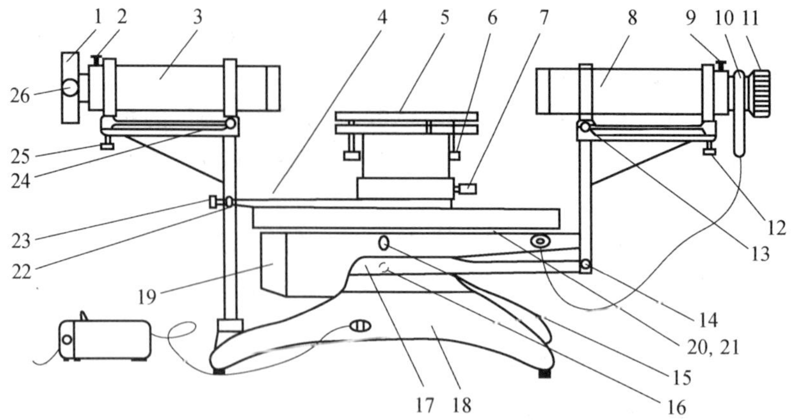

1—狭缝装置；2—狭缝装置锁紧螺钉；3—平行光管；4—制动架(二)；5—载物平台；6—载物平台调节螺钉(共 3 个)；7—载物平台和游标盘间锁紧螺钉；8—望远镜；9—目镜筒锁紧螺钉；10—阿贝式自准目镜；11—目镜调焦手轮；12—望远镜光轴倾斜调节螺钉；13—望远镜光轴左右偏斜度调节螺钉；14—望远镜微动螺钉；15—望远镜和度盘间锁紧螺钉；16—望远镜制动螺钉(另侧)；17—制动架(一)；18—底座；19—转座；20—刻度盘；21—游标盘；22—游标盘微动螺钉；23—游标盘制动螺钉；24—平行光管光轴左右偏斜度调节螺钉；25—平行光管光轴倾斜调节螺钉；26—狭缝宽度调节螺钉。

图 5-28-1　JJY 型分光计结构图

视场中看到的分划板像，如图 5-28-3 所示。照明灯泡发出的光经全反射棱镜反射后，由十字窗口射出，以便进行自准调节。

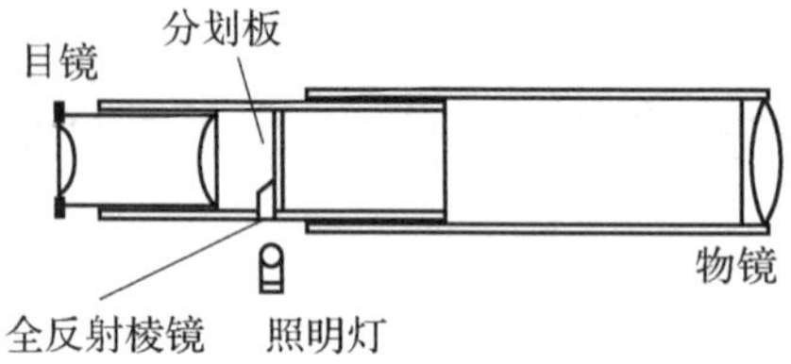

图 5-28-2　望远镜的结构

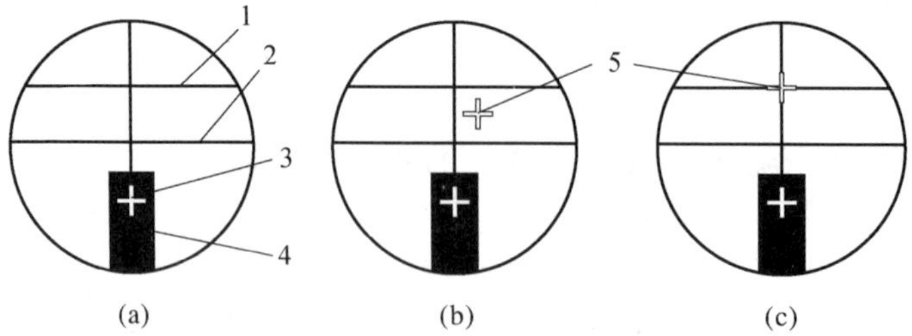

1—调节用叉丝；2—测量用叉丝；3—亮十字；
4—绿色背景；5—亮十字的反射像。

图 5-28-3　分划板像的示意图

(2)平行光管的作用是产生平行光，它的右端装有消色差的复合物镜，另一端是套筒，套筒末端有一个宽度可调的狭缝装置。前后移动套筒可以改变狭缝和物镜之间的距离。当狭缝位于物镜的焦平面时，从狭缝入射的光束经物镜后成为平行光束。整个平行光管与分光计的底座连接在一起，是不能转动的。

(3)载物平台用来放置平面镜、棱镜、光栅等光学元件。它下面有 3 个调节螺钉，用来调节载物平台，使其保持水平，载物平台和游标盘可以一起绕仪器轴旋转。载物平台还可以沿轴方向升降，以适应不同高度的待测元件。

(4)读数装置分为外层的主盘和内层的游标盘，主盘为刻度盘(简称度盘)，它通过螺钉锁紧后，可以和望远镜相连，并能够随着望远镜一起绕轴转动。度盘的圆周被等分为 720 格，每格为 30′。内层的游标盘上有 30 等分刻线，因此游标盘的精度为 1′。游标盘的读数规则与游标卡尺的读数规则相同，如图 5-28-4 所示，读数为 116°13′。为了消除分光计的度盘中心与仪器转轴不重合而产生的偏心差，在游标盘某一直径的两端对称地设置了 2 个读数游标。测定望远镜转过的角度，应在望远镜的初始位置记下 2 个游标盘读数 $\varphi_{1左}$ 和 $\varphi_{1右}$，再记下望远镜在末位置时 2 个游标盘的读数 $\varphi_{2左}$ 和 $\varphi_{2右}$，则望远镜转过的角度为

$$\frac{1}{2}(|\varphi_{1左}-\varphi_{2左}|+|\varphi_{1右}-\varphi_{2右}|) \tag{5-28-1}$$

为了满足测量要求和减小测量误差，必须将分光计的观察平面、光路面和读数平面调到相互平行，并且共轴。

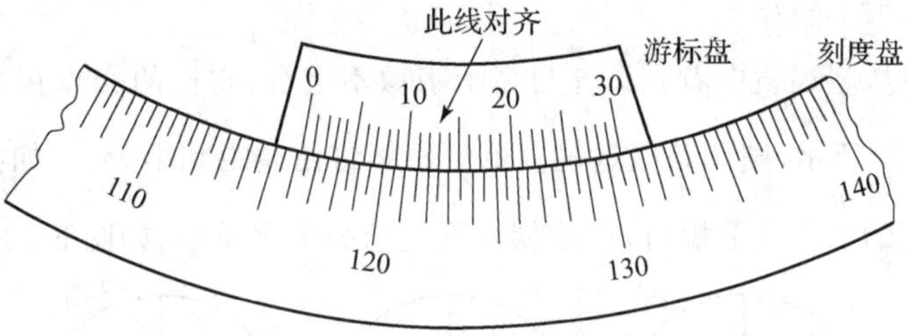

图 5-28-4　分光计的读数装置示意图

四、实验步骤

1. 调节分光计至工作状态时，应满足“三垂直”的要求

(1)望远镜聚焦于无穷远处，并且望远镜光轴垂直于中心转轴。

(2)载物平台垂直于中心转轴。

(3)平行光管能够射出平行光，平行光管轴垂直于中心转轴。

2. 调节分光计的步骤

(1)目测粗调。通过目测，将望远镜、载物平台、平行光管大致调成水平。注意载物平台上放置光学元件后，高度要合适。

(2)用自准法调节望远镜，使其聚焦于无穷远处，具体调节如下。

①调节目镜调焦手轮，直至能够清楚地看到分划板上叉丝为止。

②接上目镜照明小灯电源，打开开关，可在目镜视野中看到如图 5-28-3(a)所示的分划板像和带有小十字刻线的绿色窗口。

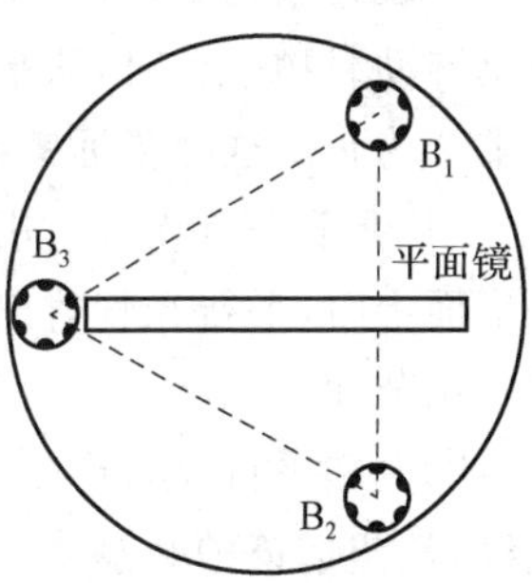

图 5-28-5　平面镜的放置

③如图 5-28-5 所示，将双面平面镜放置在载物平台上。放置时需注意方位，图 5-28-5 中所示的放置方位可以方便由一个螺钉控制一个反射面的倾斜度。

④沿望远镜外侧观察，可以看到平面镜内有一个亮十字像，轻缓地转动载物平台，亮十字像也随之转动。如果使用望远镜对着平面镜看，则看不到亮十字像，这说明从望远镜射出的光没有被平面镜反射到望远镜中。

将望远镜对准载物平台上的平面镜，调节镜面的俯仰角度，并转动载物平台让反射光返回望远镜中，使由亮十字发出的光经过物镜后，再经平面镜反射，由物镜再次聚焦，于是在分划板上形成模糊的像斑。通过调节物镜与分划板间的距离，以及分划板与目镜的距离，使从目镜中既能看清叉丝，又能看清亮十字的绿色反射像。注意使叉丝与亮十字的反射像之间无视差，如果有视差，则需反复调节，直至消除视差；如果没有视差，则说明望远镜已聚焦于无穷远。

(3)使用半近调节法调节望远镜光轴与仪器主轴相垂直。将双面平面镜竖直置于载物平台上，轻轻转动载物平台，使望远镜分别对准平面镜前后 2 个镜面，利用自准法可以分别观察到亮十字的反射像。如果望远镜的光轴与分光计的中心轴相垂直，并且平面镜反射面又与中心轴平行，则当转动载物平台时，从望远镜中可以 2 次观察到由平面镜前后 2 个面反射回来的亮十字像与分划板叉丝完全重合，如图 5-28-6(c)所示。具体调整方法有以下几个步骤。

①粗调。先从望远镜外面目测，通过调节载物平台下方的 3 个螺钉，使观察者从望远镜外侧能够观察到 2 个亮十字像。

②细调。如果从望远镜中看到叉丝与亮十字像不重合，它们的交点在高低方向相差一段距离，如图 5-28-6(a)所示，则调整望远镜高低倾斜螺钉使差距减小为 $\frac{h}{2}$，如图 5-28-6(b)所示。再调节载物平台下的水平调节螺钉，使分划板叉丝与亮十字重合，如图 5-28-6(c)所示。

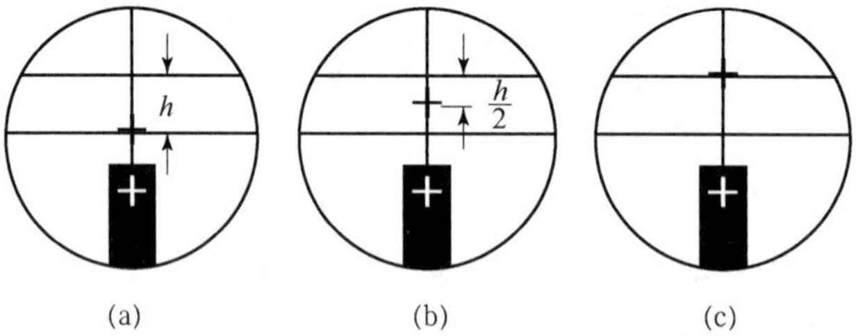

图 5-28-6　亮十字像与分划板叉丝的位置

③旋转载物平台，使望远镜对着平面镜的另一面，采用同样的方法调节。如此反复调整，直至转动载物平台时，从平面镜前后 2 个表面反射回来的亮十字像都能与分划板的调节用叉丝重合为止。这时望远镜光轴和分光计的中心轴互相垂直。

(4)调节平行光管。用已经调节好的望远镜调节平行光管。当狭缝位于平行光管物镜的焦平面上时，平行光管射出平行光，在望远镜中就能够看到狭缝的清晰像，并且与叉丝无视差。具体调节如下。

①调整平行光管产生平行光。取下载物平台上的平面镜，打开汞灯照亮平行光管末端的狭缝，从望远镜中观察来自平行光管的狭缝像，同时调节平行光管狭缝与透镜间的距离，直至能够在望远镜中看到清晰的狭缝像，然后调节缝宽使望远镜视野中狭缝像的宽度约为 1 mm。

②调节平行光管的光轴与分光计中心轴相垂直。在望远镜中可以看到清晰的狭缝像后，

转动狭缝至水平状态，调节平行光管的倾斜螺钉，使狭缝水平像被分划板叉丝上、下平分，如图 5-28-7(a)所示。这时平行光管的光轴已与分光计中心轴相垂直。再把狭缝转至铅直位置，并保持狭缝像最清晰且无视差，位置如图 5-28-7(b)所示。

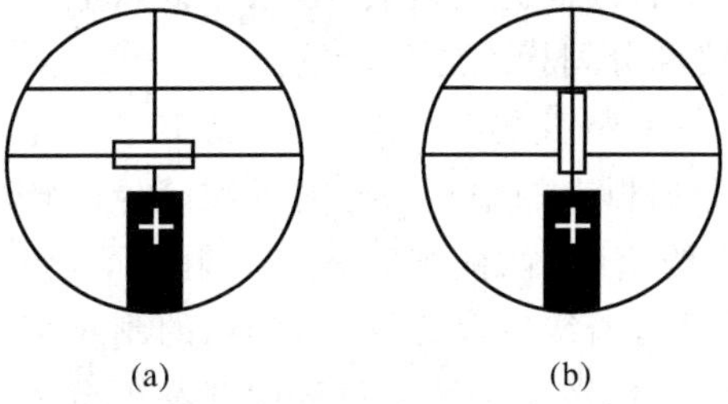

图 5-28-7　狭缝与分划板叉丝位置

至此，已全部调整好分光计，使用时必须注意分光计上除游标盘制动螺钉及其微动螺钉外，不能再调节其他任意螺钉，否则分光计的工作条件被破坏，需要重新调节。

五、数据处理

根据实验过程中的原始数据，自拟表格，记录数据并分析。

实验 29　用分光计和透射光栅测光波的波长

一、实验目的

(1)加深对光的衍射及光栅分光作用基本原理的理解。

(2)掌握在分光计上用透射光栅测定光波的波长、光栅常数及角色散的方法。

二、实验仪器

本实验所用包括汞灯源、光栅、分光计。

三、实验原理

一般常用的光栅是在玻璃片上刻出大量平行的刻痕制成，刻痕不透光，2 条刻痕之间的光滑部分可以透光，相当于一个狭缝。精制的光栅在 1 cm 宽度内有几千条甚至上万条刻痕。这种利用透射光衍射的光栅称为透射光栅。当复色光通过透射光栅时，不同波长的光由于各自发生衍射，因此发生分光现象。光在透过光栅发生衍射时遵循光栅方程，即

$$d\sin\varphi_k = k\lambda \tag{5-29-1}$$

从光栅方程中可以看出，光栅常数 d、衍射角 φ_k、光波波长 λ 及光谱级数 k 之间，可以知三求一。分光计作为精密测量光线偏转角度的仪器，可以精确测量衍射角 φ_k。

四、实验步骤

1. 分光计的调节

通过使用双面平面镜调节分光计至工作状态，满足“三垂直”的要求。

2. 光栅位置的调节及光谱观察

(1)如图 5-29-1 所示，将光栅置于载物平台上，旋转载物平台，并调节平台倾斜螺钉，使望远镜筒中从光栅面反射回来的绿色亮十字像与分划板上方的叉丝重合且无视差。再将载物平台连同光栅旋转 180°，重复以上步骤数次，使绿色亮十字像始终和分划板上方叉丝重合。

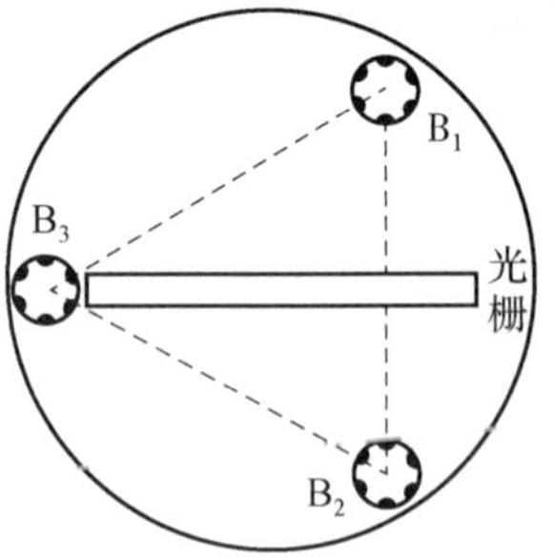

图 5-29-1　光栅的放置

(2)点燃汞灯，将平行光管的竖直狭缝均匀照亮，调节平行光管的狭缝宽度，使望远镜中分划板上的中央叉丝对准狭缝像。转动望远镜筒，在光栅法线(0 级谱线)两侧观察各级衍射光谱，调节平台的支撑螺钉 B_3，使各级光谱线等高。这时，光栅的刻纹平行于仪器的主轴。固定载物平台，在整个测量过程中载物平台及其上面的光栅位置保持固定不住。

(3)左右转动望远镜，仔细观察谱线的分布规律。在谱线中，中央为白亮线($k=0$ 的狭缝像)，其两侧各有紫色、蓝色、绿色、黄色的谱线。

3. 测定衍射角

(1)旋紧游标盘制动螺钉，使游标盘与望远镜固定，拧松望远镜制动螺钉，转动望远镜(连同刻度盘)，从光栅的法线(0 级光谱)开始沿同一方向转动望远镜筒，从望远镜中观察一级衍射光谱，确定要测量的各谱线。望远镜叉丝越过要测量的最外一条一级谱线后，往相反方向转动望远镜，使望远镜叉丝依次与一级衍射光谱中的各谱线重合，记下与每一谱线对应的 2 个对称游标盘上指示的读数 $\varphi_{1左}$ 和 $\varphi_{1右}$。继续转动望远镜，使望远镜叉丝越过法线(0 级谱线)至另一侧，各谱线进行同样的测量得 $\varphi_{2左}$ 和 $\varphi_{2右}$。对应同一谱线的两次角坐标之差，即为该谱线衍射角 θ 的 2 倍，即

$$\theta=\frac{1}{2}(|\varphi_{1左}-\varphi_{2左}|+|\varphi_{1右}-\varphi_{2右}|) \tag{5-29-2}$$

(2)重复步骤(1)三次，由式(5-29-2)，求出衍射角 θ 的平均值。

五、数据处理

自拟表格，记录实验数据，并按照要求处理数据。

(1)以汞灯绿色谱线的波长($\lambda=546.1$ nm)为已知条件，将所测绿色谱线的一级衍射角 θ 代入式(5-29-2)中，并取 $k=1$，求出光栅常数 d。然后根据测出的其他颜色谱线的衍射角 θ 和求出的光栅常数 d，算出相应谱线的波长。

(2)与公认值进行比较，并计算其测量误差。

实验 30　用分光计测玻璃棱镜的折射率

一、实验目的

(1)进一步掌握分光计的调节和使用方法。

(2)掌握测量棱镜顶角和最小偏向角的方法。

(3)能够用最小偏向角法测量玻璃棱镜的折射率。

二、实验仪器

本实验所用仪器包括汞灯源、玻璃三棱镜、分光计。

三、实验原理

光线在传播过程中，当遇到不同介质的分界面时，会发生反射和折射，改变传播方向。入射光与反射光或折射光之间存在一定的夹角，通过对这些角度的测量，可以计算出介质的折射率。

如图 5-30-1 所示，光线 P 以入射角 i_1 从三棱镜 AB 面上的 O 点入射，经三棱镜折射后从 O' 点以折射角 i_2 射出，出射光线为 P′。P′偏离 P 入射方向的角度 δ 称为偏向角。偏向角会随着入射光线入射角的变化而变化，当出射光线 P′与入射光线 P 处于光路对称的情况，即 $i_1=i_2$ 时，偏向角为最小，记为 $\delta_{\min}$。

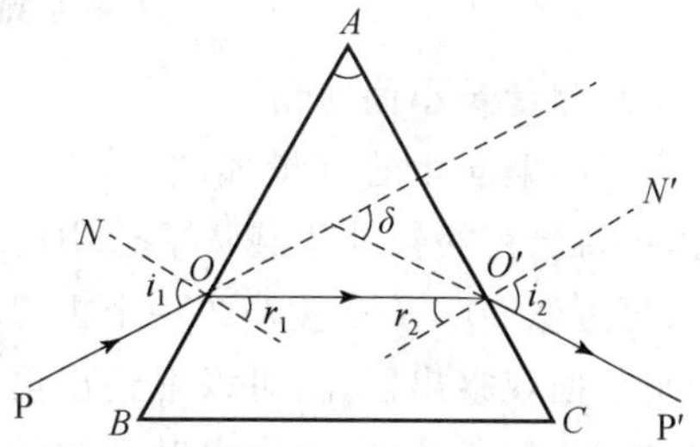

图 5-30-1　光通过棱镜的折射现象

三棱镜材料的折射率 n 与顶角 A 及最小偏向角 $\delta_{\min}$ 的关系为

$$n=\frac{\sin\dfrac{\delta_{\min}+A}{2}}{\sin\dfrac{A}{2}} \tag{5-30-1}$$

由式(5-30-1)可知，只要测出三棱镜顶角 A 和波长的最小偏向角 $\delta_{\min}$，就可以求出该波长对三棱镜的折射率 n。

1. 测量三棱镜顶角 *A*

测量三棱镜顶角的方法有反射法和自准直法两种。

(1)反射法。如图 5-30-2 所示，调节好分光计后，把三棱镜放于载物平台上，使三棱镜顶角正对平行光管，让平行光由顶角方向射入，在两个光学表面上分成两束反射光。缓慢转动望远镜，寻找经过棱镜两个反射面反射的狭缝像，测出两束反射光线之间的夹角 φ，则顶角 A 为

$$A=\frac{1}{2}\varphi$$

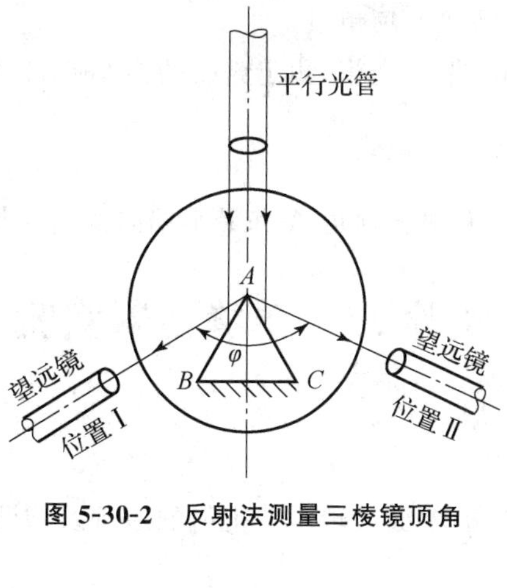

图 5-30-2　反射法测量三棱镜顶角

(2)自准直法。如图 5-30-3 所示，调节好分光计后，将三棱镜置于载物平台中心，用望远镜自准直法测出 φ 角，根据四边形内角和等于 360°的原理，则

$$A=180^\circ-\varphi \tag{5-30-2}$$

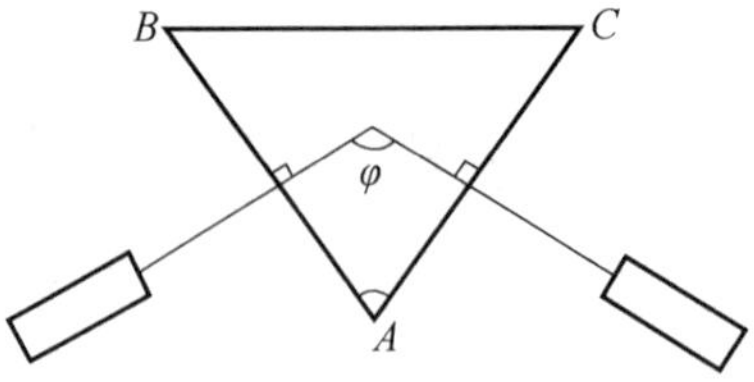

图 5-30-3　自准直法测量三棱镜顶角

2. 测量最小偏向角

最小偏向角的测量如图 5-30-4 所示。调节好分光计，打开汞灯，把待测三棱镜放于载物平台中心位置，让平行光以较大的入射角(可近似 90°)从三棱镜的一个折射面入射，用眼睛从三棱镜另一个折射面观察出射光，可以看到出射光谱线。慢慢转动载物平台，使光的入射角减小，观察出射光谱线的移动现象，即出射光的偏向角在减小。继续转动载物平台，直到出射光谱线反向移动为止，此时出射光的位置就是偏向角为最小值 $\delta_{\min}$ 时的位置。用望远镜对准所测光谱线，左右慢慢转动载物平台，可以看到光谱线移动，直到光谱线以望远镜叉丝为转折位置反向移动为止，即最小偏向角 $\delta_{\min}$ 的精确位置。固定望远镜，读出此时望远镜的坐标位置 φ_1，φ_2(左、右游标的读数)。取下三棱镜，转动望远镜，使之对准平行光管狭缝像的中心，读出此时望远镜的坐标位置 φ_1'，φ_2'(左、右游标的读数)。由此可求出所测光谱线的最小偏向角，即

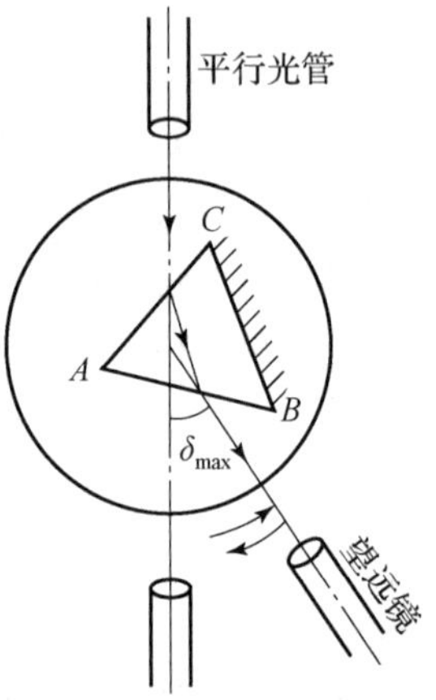

图 5-30-4　最小偏向角的测量

$$\delta_{\min}=\frac{1}{2}(|\varphi_1-\varphi_1'|+|\varphi_2-\varphi_2'|) \tag{5-30-3}$$

四、实验步骤

(1)调节分光计到可测量状态(调节方法参见实验 28)，调节过程中使用三棱镜的两个透光面代替双面平面镜。

(2)选用一种方法测定三棱镜的顶角 A。

(3)选用钠光灯或汞灯照亮平行光管，测定谱线的最小偏向角 $\delta_{\min}$。

五、数据处理

自拟表格，记录实验数据，并根据顶角 A 和最小偏向角 $\delta_{\min}$ 计算三棱镜材料的折射率 n。

实验 31　单缝衍射实验

一、实验目的

(1)观察单缝衍射现象，掌握单缝夫琅禾费衍射的原理及观测方法。

(2)学会用衍射法测量微小量。

二、实验仪器

本实验所用仪器包括光具座、狭缝(单缝)、薄透镜、物屏、光源、准直透镜、平面反射镜、观察屏、测微目镜、平移底座。

三、实验原理

光的衍射现象是光波动性的一个重要标志,也是光在传播过程中的重要属性之一。光的衍射在近代科学技术中已得到了极其广泛的应用。

光的衍射是指光波在传播过程中遇到障碍物时,当障碍物(小孔、狭缝、毛发、细针等)的线度与光的波长相差很小时,所发生的光偏离直线传播的现象,即光可以绕过障碍物传播到障碍物的几何阴影区域中,并在障碍物后的观察屏上呈现出光强不均匀的分布。通常将观察屏上不均匀的光强分布称为衍射图样。本实验涉及的是光通过单缝时的衍射,即单缝衍射。单缝衍射可分为菲涅耳衍射、夫琅禾费衍射两类。夫琅禾费衍射是指狭缝和障碍物与观察屏的距离都是无限远的。在夫琅禾费衍射中,入射到狭缝的光是平行光,传播到观察屏的也是平行光,即入射光和衍射光都是平行光,所以夫琅禾费衍射是平行光的衍射,在实验中可以借助两个透镜来实现。

本实验只研究夫琅禾费单缝衍射,如图 5-31-1 所示,将波长为 λ 的单色光源 S 置于透镜 L_1 的焦平面上,由光源 S 发出并经过 L_1 射出的平行光垂直照射在宽度为 a 的狭缝上,当 a 很小时,根据惠更斯-菲涅耳原理,狭缝上每一点都可看成发射子波的新波源。由于子波叠加的结果,因此可以在位于透镜 L_2 的焦平面处的接收屏上看到一组平行于狭缝的明暗相间的衍射条纹,中央是亮而宽的明条纹,两侧是亮度较弱的明暗相间的条纹,中央明条纹宽度是两侧明条纹宽度的两倍。

从单缝衍射理论可以得出在 P_k 点出现亮条纹的条件为

$$a\sin\varphi=(2k+1)\frac{\lambda}{2}\quad(k=\pm1,\pm2,\cdots)\tag{5-31-1}$$

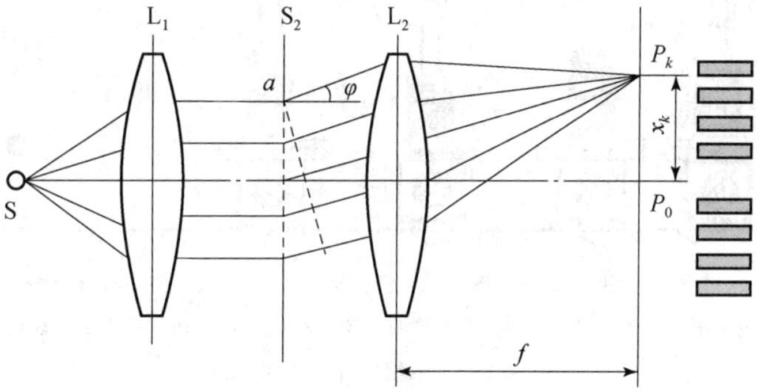

图 5-31-1 单缝衍射原理图

在 P_k 点出现暗条纹的条件为

$$a\sin\varphi=k\lambda\quad(k=\pm1,\pm2,\cdots)\tag{5-31-2}$$

式中,a 是单缝的宽度;φ 是衍射角;λ 是入射光的波长。

设透镜 L_2 与观测屏的距离为 f，第 k 级亮条纹与衍射图样中心的距离为 x_k，则 $\tan\varphi=\frac{x_k}{f}$。因为衍射角极小，所以 $\tan\varphi\approx\sin\varphi$；又因为衍射图样中心位置不易准确测定，所以可以测量两条同级条纹间的距离 $2x_k$，根据式(5-31-1)得

$$a\frac{x_k}{f}=(2k+1)\frac{\lambda}{2} \tag{5-31-3}$$

则

$$a=(2k+1)\frac{\lambda f}{2x_k} \tag{5-31-4}$$

由式(5-31-4)可知，某一级亮条纹至衍射图样中心的距离 x_k 与缝宽 a 成反比，a 越大，$2x_k$ 越小。如果各级衍射条纹向中央收缩，当 a 大到一定程度时，则衍射现象便不再明显，只能看到中央位置有一条亮线，这时可以认为光波是沿直线传播的。

由单缝衍射理论计算可得，垂直入射于单缝平面的平行光经单缝衍射后，光强分布的规律为

$$I=I_0\frac{\sin^2\varphi}{\varphi^2} \tag{5-31-5}$$

其光强分布如图 5-31-1 所示，当 $\varphi=0$ 时，$I=I_0$，在整个衍射图样中，此处光强最强，称为中央主极大；当 $\varphi=kp(k=\pm1,\pm2,\cdots)$时，在这些地方为暗条纹，暗条纹是以光轴为对称轴，呈等间隔、左右对称分布。

四、实验步骤

(1)如图 5-31-2 所示，在光学平台或光具座上，沿米尺调节各光学元件同轴等高。

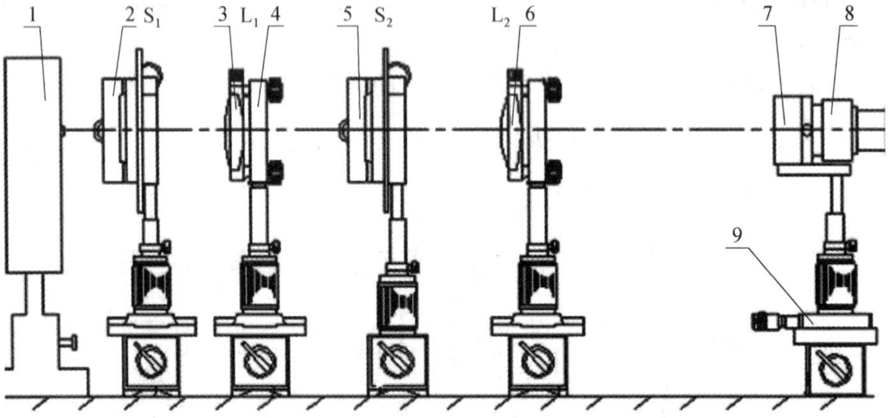

1—钠灯；2—狭缝 S_1；3—透镜 L_1($f'=150$ mm)；4—透镜架；5—狭缝 S_2；
6—透镜 L_2($f'=300$ mm)；7—测微目镜架；8—测微目镜；9—三维平移底座。

图 5-31-2 单缝衍射实验装置图

(2)使狭缝 S_1 靠近钠灯，且位于透镜 L_1 的焦平面上。钠灯发射光束通过透镜 L_1 形成平行光束，垂直照射狭缝 S_2。用透镜 L_2 将 S_2 的衍射光束会聚到测微目镜的分划板上。

(3)调节狭缝铅直，并使测微目镜分划板的毫米刻线与衍射条纹平行。调节 S_1 使缝宽小于 0.1 mm，使衍射条纹清晰且视场亮度合适。

(4)调节测微目镜的调焦轮,使分划板上的叉丝和刻度清晰。

(5)定性观察衍射条纹。水平移动狭缝 S_2,使衍射条纹的中央明纹落在目镜分划板上的刻度 4 附近。再改变狭缝 S_2 与观察屏(图 5-31-2 中未画出,位于透镜 L_2 右侧,不使用测微目镜读数时,可安装观察屏,观察衍射条纹)的距离,观察衍射条纹的分布(疏密)与此距离的关系。然后调节一个适当的屏距,使中央明纹两侧有 6～8 级衍射条纹。最后保持 S_2 位置不变,仅转动单缝面,当由测微目镜观察到的衍射条纹数最多时,平行光束严格与狭缝面垂直。

(6)调节测微目镜逐一对准中央零级两侧 1～5 级亮条纹,分别记录其位置,算出 $2x_k$。记录 S_2 和测微目镜在光学平台或光具座米尺上的位置,算出距离 f。

(7)重复测量 3 次。然后根据式(5-31-4)可以得出狭缝 S_2 的宽度,并验证中央明条纹宽度是两侧明条纹宽度的两倍。

五、数据处理

自拟表格,记录实验数据,并计算单缝宽度。

实验 32　光的偏振现象的观察和分析

一、实验目的

(1)观察光的偏振现象,加深对偏振光的了解。

(2)掌握产生与检验偏振光的原理和方法。

(3)了解产生与检验偏振光的元件和仪器。

二、实验仪器

本实验所用仪器包括钠灯或激光源、光具座、光学测角盘、偏振片、黑玻璃、扩束镜、准直镜、狭缝、白屏。

三、实验原理

1. 光的偏振态

如果波的振动方向和传播方向相同,则这种波称为纵波;如果波的振动方向和传播方向相互垂直,则这种波称为横波。纵波的振动方向相对于传播方向具有对称性,但是对横波而言,通过波的传播方向并且包含振动矢量的那个平面和其他不包含振动矢量的平面是有区别的,这种现象通常称为波的振动方向相对于传播方向没有对称性。波的振动方向相对于传播方向的不对称性称为偏振。它是横波区别于纵波的一个最明显的标志,只有横波才有偏振现象。光是电磁波,因此是横波,光的电矢量的振动方向相对于光的传播方向是不对称的,即光有偏振现象。光的偏振现象是马吕斯(Malus)在 1808 年发现的。

光的电矢量的振动方向只限于某一确定平面内的光称为平面偏振光,由于平面偏振光的光矢量端点的轨迹为直线,所以又称为线偏振光。在垂直于光传播方向的任一确定平面内,光波电矢量端点随时间做椭圆运动的光称为椭圆偏振光;做圆运动的称为圆偏振光。平面偏振光、椭圆偏振光和圆偏振光统称为完全偏振光。如果在垂直于光传播方向的平面（简称迎光平面）内，电矢量的取向与大小都随时间做无规则变化，且各方向的取向概率相同，彼此之间没有固定的相位关系，则称为自然光。自然光和线偏振光、圆偏振光、椭圆偏振光三者的任一个组合起来，就称为部分偏振光。

2. 产生平面偏振光的方法

将非偏振光变成偏振光的过程称为起偏。起偏的装置称为起偏器。产生平面偏振光的方法有反射产生偏振、选择性吸收产生偏振、双折射产生偏振和多次折射产生偏振。本实验中使用非金属表面的反射和折射产生偏振光。如图 5-32-1 所示，当自然光在两种媒质的界面上发生反射和折射时，反射光和折射光都将成为部分偏振光，在此基础上，逐渐增大入射角，当入射角达到某一特定角 θ 时，反射光将成为完全偏振光。其偏振面垂直于入射面。这时将 θ 称为起偏角，由布儒斯特（Brewster）定律得

$$\tan\theta=\frac{n_2}{n_1} \tag{5-32-1}$$

根据式(5-32-1)，可以利用玻璃简单地起偏，也可以用于测定物质的折射率。自然光从空气入射到介质，一般起偏角在 53°～58°之间。

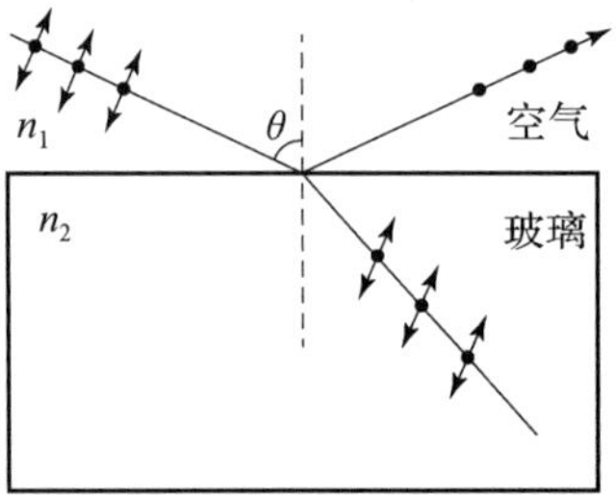

图 5-32-1　自然光在两种介质的界面上发生反射和折射

3. 马吕斯定律

如图 5-32-2 所示，一束光强为 I_1 的线偏振光，透过检偏器 P_2 后，其透射光强为

$$I_2=I_1\cos^2\theta \tag{5-31-2}$$

式中，θ 为平面偏振光的偏振面和检偏器主截面的夹角。式(5-31-2)为马吕斯定律，即改变 θ 的大小可以改变透过检偏器的光强。

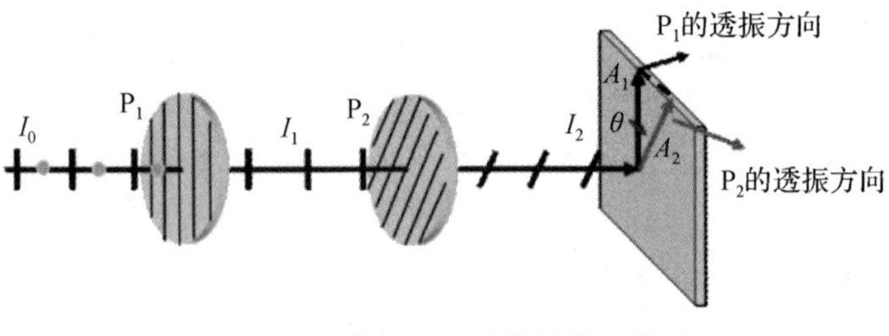

图 5-32-2　偏振光透过检偏器的情形

当起偏器和检偏器的取向使得通过的光量极大时，称它们为平行（此时 $\theta=0°$）；当二者的取向使得系统射出的光量极小时，称它们为正交（此时 $\theta=90°$）。

四、实验步骤

1. 偏振片主截面的确定

如图 5-32-3 所示，沿光学平台米尺放置各器件，调节等高共轴，钠光灯或激光器射出的一细光束沿水平方向入射到扩束镜，扩束镜位于准直镜的焦平面上，光束通过准直镜后，形成平行光束平行光束通过狭缝，入射到光学测角盘中心的黑玻璃上，并在测角盘面上显示出指向圆心的光迹。转动测角盘，当入射角为布儒斯特角时，黑玻璃的反射光为平面偏振光，即振动面垂直于入射面。

使反射光垂直射入偏振片，并以反射光的方向为轴旋转偏振片，观察透过光强的变化。从透过光强的变化可以确定偏振片的主截面。当透过光强极大时，偏振片的主截面和反射光的偏振面一致，记下偏振片的方位。

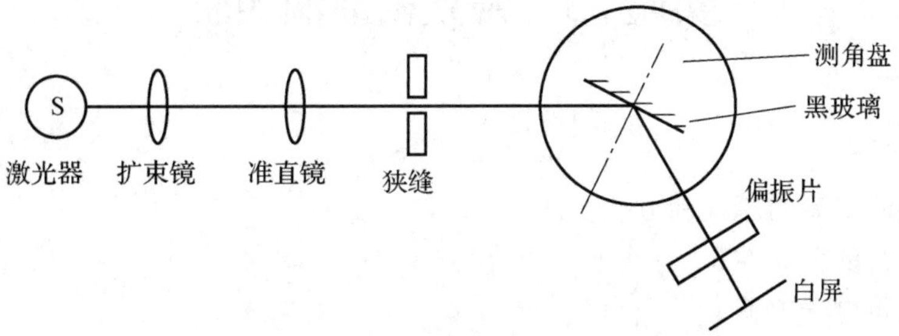

图 5-32-3　确定偏振片主截面的实验装置图

2. 测定黑玻璃的折射率

根据布儒斯特定律，测定黑玻璃的折射率。

五、数据处理

自拟表格，记录实验数据，并计算黑玻璃的折射率。

第 6 章　近代物理学实验

本章介绍了 6 个近代物理学实验，实验 33 为密立根油滴实验，实验 34 为利用光电效应测定普朗克常量，实验 35 为弗兰克-赫兹实验，实验 36 为液晶电光效应综合实验，实验 37 为空气热机实验，实验 38 为燃料电池综合特性实验。本章的 6 个实验均为物理专业必做实验，理工科非物理专业可依据实际情况进行选做。

实验 33　密立根油滴实验

一、实验目的

(1)了解油滴实验的原理和方法。

(2)验证电荷的分立性。

(3)能够测量电子电荷。

二、实验仪器

本实验所用仪器包括密立根油滴仪、喷油器、显示仪。

三、实验原理

19 世纪末，英国物理学家汤姆孙在对阴极射线的研究过程中发现了电子，认为电子所带电荷可能是最小电荷，随后科学家们便开始探索测量电子电荷的实验。美国物理学家密立根设计并完成的密立根油滴实验构思巧妙、方法简便，并且精度高，在科学研究中具有重大的意义。密立根油滴实验堪称物理实验的精华、典范，由于这一实验取得的成就，密立根因此荣获了 1923 年的诺贝尔物理学奖。油滴法测量电子电荷的基本原理是根据带电油滴在重力场和电场中的运动和受力情况的分析，将油滴所带微观电荷量的测量转化为油滴宏观运动速度的测量，并从测得的不同油滴所带电荷量中找出元电荷，即电子电荷的大小。按照油滴在电场和重力场中有匀速运动和静止两种平衡状态，其测量方法分为动态测量和静态测量两种方法。

1. 动态法

如图 6-33-1 所示，首先考虑重力场中的油滴，油滴在重力作用下逐渐降落，由于空气阻力的存在，因此油滴最终将以某一速度 v_g 匀速下落，这时油滴的重力 mg，所受空气浮力 F_a 和空气阻力 F_r 三者达到平衡，即

$$mg = F_a + F_r \tag{6-33-1}$$

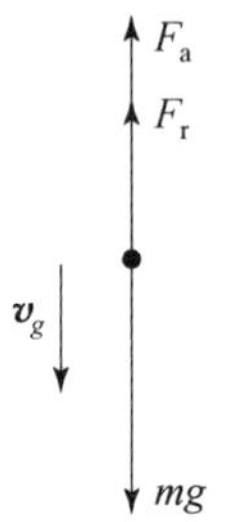

图 6-33-1　油滴受力分析图

因为油滴非常小且存在表面张力的原因，所以可把油滴看作小圆球。设油滴半径为 r，油滴密度为 ρ_0，空气密度为 ρ'，空气的黏度为 η，则上述三个

力可分别表示为

$$mg=\frac{4}{3}\pi r^3\rho_0 g,\quad F_a=\frac{4}{3}\pi r^3\rho' g,\quad F_r=6\pi\eta r v_g$$

代入式(6-33-1)，可得油滴半径为

$$r=\left[\frac{9\eta v_g}{2(\rho_0-\rho')g}\right]^{\frac{1}{2}} \tag{6-33-2}$$

如图 6-33-2 所示，如果油滴处于电容器的均匀电场中，且在电场作用下油滴以速度 v_E 匀速向上运动，则电场力和其他三个力达到平衡，即

$$qE+mg=F_a+F_r$$

则

$$q=\frac{18\pi\eta^{3/2}}{[2(\rho_0-\rho')g]^{1/2}}\cdot\frac{d}{U}\left(\frac{l}{t_E}+\frac{l}{t_g}\right)\cdot\left(\frac{l}{t_g}\right)^{1/2} \tag{6-33-3}$$

式中，t_E 和 t_g 分别为油滴以速度 $\boldsymbol{v}_E$ 和 $\boldsymbol{v}_g$ 通过的一定距离 l 所用的时间。

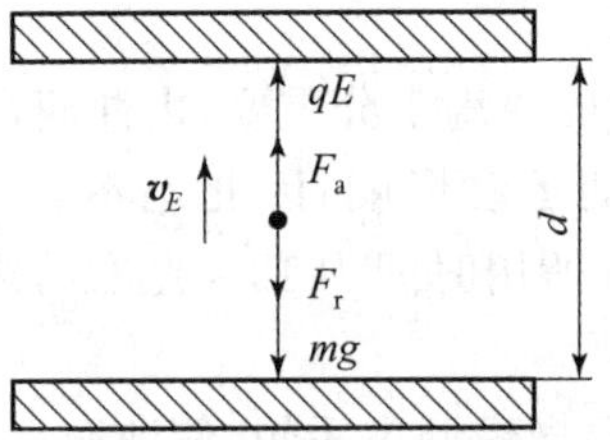

图 6-33-2　油滴在两平行极板间静止

2. 静态法

静态法是通过调节极板间的电压 U 使油滴在均匀电场中静止于某一位置，即 $\frac{l}{t_E}=0$，于是式(6-33-3)可以表示为

$$q=\frac{18\pi\eta^{\frac{3}{2}}}{[2(\rho_0-\rho')g]^{\frac{1}{2}}}\cdot\frac{d}{U}\cdot\left(\frac{l}{t_g}\right)^{\frac{3}{2}} \tag{6-33-4}$$

此时油滴处于静态平衡，对应极板间的电压 U 称为平衡电压。式(6-33-4)为静态法测油滴电荷的公式。由此，对油滴所带电荷量 q 的测量，最终转化为对平衡电压 U 及油滴匀速下落距离 l 所需时间 t_g 的测量。

3. 黏度的修正

斯托克斯定律适用于连续介质中球状物体所受的黏滞力。由于油滴非常小，其直径可与空气分子的平均自由程相比拟，因此不能再将空气看成连续介质，油滴所受黏滞力必将减小，黏度应修正为

$$\eta'=\frac{\eta}{\left[1+\frac{b}{(pr)}\right]} \tag{6-33-5}$$

式中，修正系数 $b=8.22\times10^{-3}\ \mathrm{m\cdot Pa}$；$p$ 为以 Pa 为单位的大气压强。

4. 元电荷的计算

为了证明电荷的不连续性和所有电荷都是元电荷 e 的整数倍，并得到元电荷 e 的值，对实验测得的各个电荷量 q 求最大公约数，即元电荷 e 的值。由于存在测量误差，因此求出各个电

荷量 q 的最大公约数比较困难。通常可用“倒过来验证”的办法进行数据处理，即用公认的电子电荷值 $e=1.602\times10^{-19}$ C 除实验测得的电荷量 q，得到一个与某一个整数接近的数值，然后取其整数（四舍五入），即油滴所带的元电荷的数目 n，再用 n 除实验测得的电荷量 q，即得出电子的电荷值 e。

四、实验步骤

1. 密立根油滴仪的调整

调节仪器底座上的三只调平手轮，使调平水泡位于中心，保证平行电极板处于水平状态。打开油滴仪和监视器的电源。

2. 练习通过 K_2 控制油滴运动和选择油滴

(1)用喷油器将油从喷雾孔喷入油滴室之后，调节显微镜调焦手轮，通过监视器可看到大量油滴在重力作用下匀速下落。将 K_2 拨置“平衡”挡，通过平衡电压旋钮增加极板间电压，油滴将在重力场和电场的共同作用下逐渐向上匀速运动，再将 K_2 拨回“0 V”挡，油滴匀速下落，反复练习以熟练控制油滴的运动。

(2)选择油滴。选择大小合适的油滴十分重要，大油滴带电荷多并且质量大，下降速度快，不容易测准确；小油滴由于受布朗运动影响，因此也不容易测准确。通常选择在平衡电压 200～300 V 时，匀速下落 1.5 mm 所用时间为 10 s 左右的油滴较适宜。

3. 正式测量

首先，选定合适的油滴，微调显微镜调焦手轮，使油滴清晰。然后，仔细将油滴调到静态平衡状态，即通过 K_2 将油滴移至某一刻度线附近，仔细调节平衡电压旋钮 K_5，观察油滴经过一段时间后，确实不再移动，才能认为油滴处于静态平衡状态。最后，从监视器读出平衡电压 U，开始对油滴下落一定距离的时间进行测量。油滴的下落距离 l 一般取 1～1.5 mm，并设定好“起点”和“终点”。将已调为平衡状态的油滴用 K_2 控制（这时只动 K_2，不动平衡电压旋钮 K_5。当 K_2 在“平衡”挡时，油滴平衡静止；当 K_2 拨向“0 V”挡时，油滴在重力场作用下匀速下落；当 K_2 拨向“提升”挡时，油滴上升）移到“起跑线”上，并保持平衡静止，然后将 K_3 拨向“联动”，并用 K_4 让计时器准备计时，将 K_2 由“平衡”挡拨向“0 V”挡，在油滴开始匀速下落的同时开始计时。油滴下落到“终点”时，迅速将 K_2 由“0 V”挡拨向“平衡”挡，在油滴停止下落的同时停止计时。选择 4 颗不同的油滴进行测量，并且对每颗油滴重复测量 6 次。

五、数据处理

(1)自拟表格，记录实验数据。

(2)结合式(6-33-3)和式(6-33-4)计算各次所测油滴带的电荷 q。

(3)利用“倒过来验证”的办法，由每颗油滴所带电荷 q，确定元电荷 e，并计算测量值的百分误差。

实验 34　利用光电效应测定普朗克常量

一、实验目的

(1)通过测试光电效应(photoelectric effect)的基本特性曲线，认识和理解光的量子性。

(2)验证爱因斯坦光电方程。

(3)测量普朗克常量。

二、实验仪器

本实验所用仪器包括普朗克常量测试仪、汞灯、滤色片、电缆、光阑。

三、实验原理

光电效应是指物质中的电子吸收高频率的光子后发射出光电子的现象。1887 年,海因里希·鲁道夫·赫兹(Heinrich Rudolf Hertz)首先发现了该现象。他发现用紫外光照射电极更加容易产生电火花。光电效应是理解光的量子性的重要实验,对波粒二象性的理解也起到了重要的作用。普朗克常量是量子力学当中的一个基本常量,由普朗克在研究黑体辐射问题时提出的,可以用光电效应法简单而又较准确地求出。1905 年,爱因斯坦借鉴了普朗克在黑体辐射研究中提出的辐射能量不连续的观点,提出了“光量子”概念,建立了光电效应的爱因斯坦方程,从而成功地解释了光电效应的各项基本规律。普朗克定律是物理学中的第一个量子理论,1918 年,普朗克因此荣获诺贝尔物理学奖。

爱因斯坦认为光在传播时其能量是量子化的,其能量的量子称为光子,每个光子的能量正比于其频率,比例系数为普朗克常量,即 $E=h\upsilon$。当光子照射到金属表面上时,同时被金属中的电子全部吸收,不需要积累能量的时间。电子把这能量的一部分用来克服金属表面对它的吸引力,余下的能量就变为电子离开金属表面后的动能,按照能量守恒原理,爱因斯坦提出了著名的光电效应方程,即

$$h\nu=\frac{1}{2}mv_0^2+A \tag{6-34-1}$$

式中,A 为金属的逸出功;$\frac{1}{2}mv_0^2$ 为光电子获得的初动能;v_0 为最大速度;m 为光电子的质量;ν 为光的频率;h 为普朗克常量。

光电效应的实验原理如图 6-34-1 所示。入射光照射到光电管阴极 K 上,产生的光电子在电场的作用下向阳极 A 迁移构成光电流,改变外加电压 U_{AK},测量出光电流 I 的大小,即可得出光电管的伏安特性曲线。

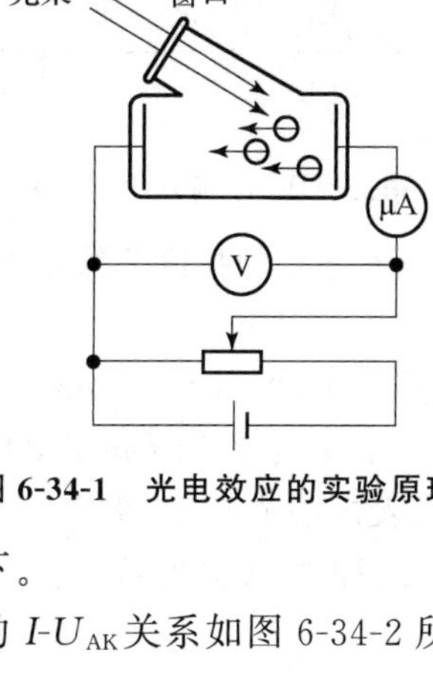

图 6-34-1　光电效应的实验原理

光电效应的基本实验原理如下。

(1)对于某一频率,光电效应的 $I\text{-}U_{AK}$ 关系如图 6-34-2 所示。从图中可见,对一定的频率,

有一个电压 U_0，当 $U_{AK} \leqslant U_0$ 时，电流为零，负电压产生的电势能完全抵消了由于吸收光子而从金属表面逸出的电子的动能。这个相对于阴极的，取值为负的阳极电压 U_0，称为遏止电压。

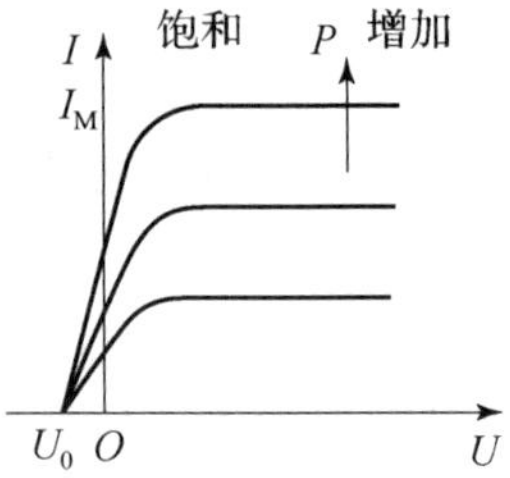

图 6-34-2　同一频率下，不同光强时，光电管的伏安特性曲线图

(2)当 $U_{AK} \geqslant U_0$ 后，电势能不足以抵消逸出电子的动能，从而组件产生电流 I。I 迅速增加，然后趋于饱和，饱和光电流 I_M 的大小与入射光的光强 P 成正比。

(3)对于不同频率的光，由于它们的光子能量不同，因此赋予逸出电子的动能不同。频率越高的光子，其产生逸出电子的能量也越高，所以遏止电压的值也越高，如图 6-34-3 所示。

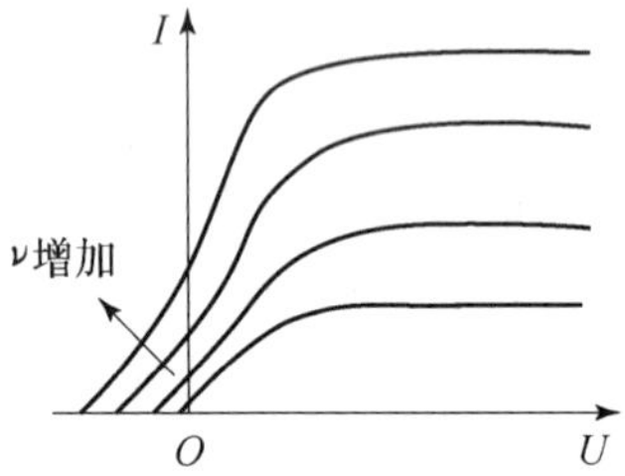

图 6-34-3　不同频率时，光电管的伏安特性曲线图

(4)遏止电压 U_0 与入射光频率 ν 的关系如图 6-34-4 所示。U_0 与 ν 成正比。当入射光频率低于某极限值 ν_0(金属不同，ν_0 不同)时，不论光强如何，照射时间多长，都没有光电流产生。

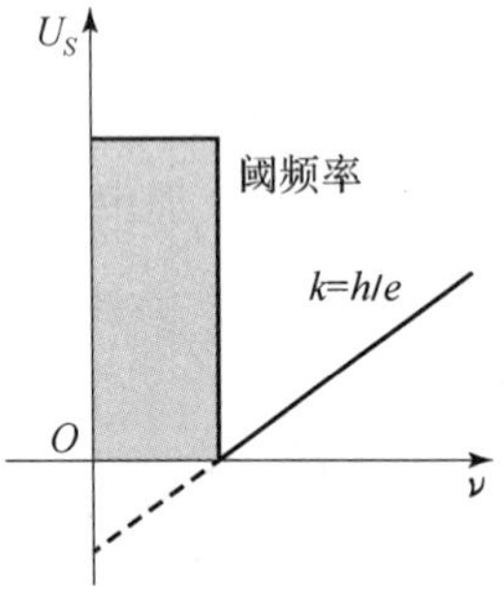

图 6-34-4　遏止电压 U_0 与入射光频率 ν 的关系图

(5)光电效应是瞬时效应。即使入射光的强度非常微弱，只要频率大于 ν_0，在开始照射后立即有光电子产生，所用的时间至多为 10^{-9} s 的数量级。

说明：实际中，反向电流并不为零。图 6-34-2、图 6-34-3 中反向电流从零开始，是因为反向电流极小，仅为 $10^{-13} \sim 10^{-14}$ A，所以在坐标系上反映不出来。

由式(6-34-1)可见，入射到金属表面的光频率越高，逸出的电子动能越大，所以即使阳极电势比阴极电势低，也会有电子落入阳极形成光电流，直至阳极电势低于遏止电压，光电流才为零，此时有关系为

$$eU_0 = \frac{1}{2}mv_0^2 \tag{6-34-2}$$

阳极电势高于遏止电压后，随着阳极电势的升高，阳极对阴极发射的电子的收集作用越强，光电流随之上升。当阳极电势高到一定程度时，已把阴极发射的光电子几乎全收集到阳极，再增加 U_{AK} 时，I 不再变化，光电流出现饱和，饱和光电流 I_M 的大小与入射光的光强 P 成正比。

当光子的能量 $h\nu < A$ 时，电子不能脱离金属，因此没有光电流产生。产生光电效应的最低频率（截止频率）为

$$\nu_0 = \frac{A}{h}$$

将式(6-34-2)代入式(6-34-1)可得

$$eU_0 = h\nu - A \tag{6-34-3}$$

此式表明，遏止电压 U_0 是频率 ν 的线性函数，直线斜率 $k = \frac{h}{e}$，只要用实验方法测出不同的频率对应的遏止电压，求出直线斜率，则可算出普朗克常量 h。

爱因斯坦的光量子理论成功地解释了光电效应规律。

测量普朗克常量 h 的关键是正确地测出遏止电压 U_0，实际上，由于光电管制作工艺等原因，准确测定遏止电压有一定的困难。暗电流、本底电流和反向电流是对测量遏止电压产生影响的主要因素。

(1)在无光照时也会产生电流，称为暗电流。它是由阴极在常温下的热电子发射形成的热电流，和封闭在暗盒里的光电管在外加电压下因管子阴极和阳极之间绝缘电阻漏电而产生的漏电流。

(2)本底电流是周围杂散光进入光电管所致。

(3)反向电流是由于制作光电管时，阳极上往往溅有阴极材料，因此当光照射到阳极上和杂散光漫射到阳极上时，阳极上往往有光电子发射。此外，阴极发射的光电子也可能被阳极的表面反射。当阳极 A 为负电势，阴极 K 为正电势时，电压对阴极 K 上发射的光电子起减速作用，对阳极 A 发射或反射的光电子起加速作用，使阳极 A 发射的光电子也能够到达阴极 K，形成反向电流。

由于这些因素对测量遏止电压产生了影响，因此实测的光电管伏安特性曲线与理想的光电管伏安特性曲线有区别，如图 6-34-5 所示。

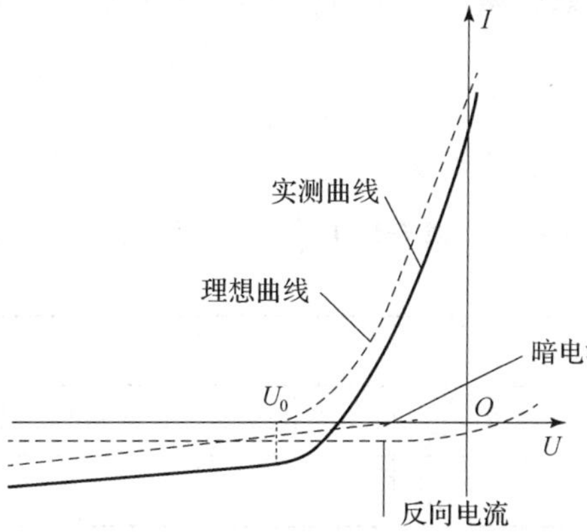

图 6-34-5　光电管的伏安特性曲线图

四、实验步骤

1. 测试前准备

(1)将实验仪和汞灯电源接通，盖上汞灯及光电管暗盒遮光盖，预热 20 min。

(2)将汞灯暗盒光输出口对准光电管暗盒光输入口，调整光电管与汞灯距离，使其约为 40 cm，并保持不变。

(3)用专用连接线将光电管暗盒电压输入端与测试仪电压输出端(后面板上)连接起来。

(4)调零。将“电流量程”选择开关置于所选挡位，仪器在充分预热后，进行测试前调零。调零时，将“调零/测量”切换开关切换到“调零”挡位，旋转“电流调零”旋钮使电流指示为“000.0”。调节好后，将“调零/测量”切换开关切换到“测量”挡位。

(5)用高频匹配电缆将光电管暗盒电流输出端 K 与测试仪微电流输入端(后面板上)连接起来。

注意：在进行每一组实验前，必须按照上面的调零方法进行调零，否则会影响实验精度。

2. 测普朗克常量

(1)按“电压”按键，将其置于－2～0 V 挡；将“电流量程”选择开关置于 10～13 A 挡；将测试仪电流输入电缆断开，调零后重新接上；将规格为 4 mm 的光阑及规格为 365.0 nm 的滤色片装在光电管暗盒光输入口上，打开汞灯遮光盖。

(2)从低到高调节电压(绝对值减小)，观察电流的变化，记录电流为零时(电流指示为“＋”“－”零转换点处)对应的 U_{AK}，以其绝对值作为该波长对应的 U_0 的值，并将数据记于表 6-34-1中。为尽快找到 U_0 的值，调节时从高位到低位，先确定高位的值，再顺次往低位调节，并将数据记于表 6-34-1 中。

(3)旋转滤色片选择圈，依次换成规格为 404.7 nm、435.8 nm、546.1 nm、577.0 nm 的滤色片，重复步骤(1)、(2)。

3. 测量光电管的伏安特性曲线

(1)将“伏安特性测试/遏止电压测试”状态键设为“伏安特性测试”状态，“电流量程”开关拨至 10～10 A 挡，并重新调零。

(2)将规格为 4 mm 的光阑及所选谱线的滤色片装在光电管暗盒光输入口上。测伏安特性曲线可选用“手动/自动”两种模式，测量的最大范围为－1～50 V，自动测量时步长为 1 V。

(3)将测得的 U_{AK} 及 I 的数据填入表 6-34-2 中，在坐标纸上画出光电管的伏安特性曲线。

五、数据处理

将实验数据填入表 6-34-1、表 6-34-2。

表 6-34-1　U_0-ν 关系

光阑规格：Φ=________mm

波长 λ_i/nm	365.0	404.7	435.8	546.1	577.0
频率 $\nu_i/10^{14}$ Hz	8.214	7.408	6.879	5.490	5.196
遏止电压 U_{0i}/V					

表 6-34-2　I-U_{AK} 关系

$L=$ ________ mm，$\Phi=$ ________ mm

435.8 nm（光阑规格为 2 mm）	U_{AK}/V										
	$I/(10^{-11}$ A)										
546.1 nm（光阑规格为 4 mm）	U_{AK}/V										
	$I/(10^{-11}$ A)										

实验 35　弗兰克-赫兹实验

一、实验目的

(1)了解弗兰克-赫兹实验的原理和方法。

(2)能够测定氩原子等元素的第一激发电势。

(3)能够证明原子能级的存在。

二、实验仪器

本实验所用仪器为弗兰克-赫兹实验仪。

三、实验原理

1913 年，丹麦物理学家玻尔(N. Bohr)提出了一个氢原子模型，并指出原子存在能级。该模型在预言氢光谱的观察中发挥了重大的作用。根据玻尔的原子理论，原子光谱中的每根谱线表示原子从某一个较高能态向另一个较低能态跃迁时的辐射。

1914 年，德国物理学家弗兰克(J. Franck)和赫兹(G. Hertz)对勒纳用来测量电离电势的实验装置进行了改进，他们同样采取慢电子(几个到几十个电子伏特)与单元素气体原子碰撞的办法，着重观察碰撞后电子发生什么变化(勒纳则观察碰撞后离子流的情况)。通过实验测量，电子和原子碰撞时会交换某一定值的能量，并且可以使原子从低能级激发到高能级。这直接证明了原子发生跃变时吸收和发射的能量是分立的、不连续的，表明了原子能级的存在，从而证明了玻尔理论的正确。1925 年，弗兰克和赫兹因此获得了诺贝尔物理学奖。

1. 关于激发电势

玻尔提出的原子理论指出。

(1)原子只能较长地停留在一些稳定状态(简称为定态)。原子在这些状态时，不发射或吸收能量。各定态有一定的能量，其数值是彼此分隔的。原子的能量不论通过什么方式发生改变，它只能从一个定态跃迁到另一个定态。

(2)当原子从一个定态跃迁到另一个定态而发射或吸收辐射时，辐射频率是一定的。如果 E_m 和 E_n 分别代表两个定态的能量，则辐射的频率 ν 为

$$h\nu = E_m - E_n \tag{6-35-1}$$

式中，h 为普朗克常量，$h=6.63\times10^{-34}$ J·s。

为了使原子从低能级向高能级跃迁，可以通过具有一定能量的电子与原子相碰撞进行能量交换的办法来实现。

设初速度为零的电子在电势差为 U 的加速电场作用下，获得能量 eU。当具有这种能量的电子与稀薄气体的原子(如十几个毛的氩原子)发生碰撞时，就会发生能量交换。如果以 E_1 代表氩原子的基态能量，E_2 代表氩原子的第一激发态能量，那么当氩原子吸收从电子传递来的能量为

$$eU_0=E_2-E_1 \tag{6-35-2}$$

此时，氩原子就会从基态跃迁到第一激发态。相应的电势差称为氩的第一激发电势(或称氩的中肯电势)。测出这个电势差 U_0，根据式(6-35-2)求出氩原子的基态和第一激发态之间的能量差(其他元素气体原子的第一激发电势也可以用此方法求得)。

弗兰克-赫兹实验的原理图如图 6-35-1 所示。在充氩的弗兰克-赫兹管中，电子由热阴极发出，阴极 K 和第二栅极 G_2 之间的加速电压 U_{G_2K} 使电子加速。在板极 A 和第二栅极 G_2 之间加有反向拒斥电压 U_{G_2A}。管内空间电势分布如图 6-35-2 所示。当电子通过阴极 K 和第二栅极 G_2 之间的空间，进入第二栅极 G_2 和板极 A 之间的空间时，如果电子有较大的能量(大于或等于 eU_{G_2A})，则电子能冲过反向拒斥电场到达板极形成板极电流，由微安表检出。如果电子在阴极 K 和第二栅极 G_2 之间的空间与氩原子碰撞，把自身的一部分能量传给氩原子而使后者激发，那么电子本身所剩余的能量很小，通过第二栅极 G_2 后，已经不足以克服拒斥电场返回第二栅极 G_2，这时，通过微安表的电流将显著减小。

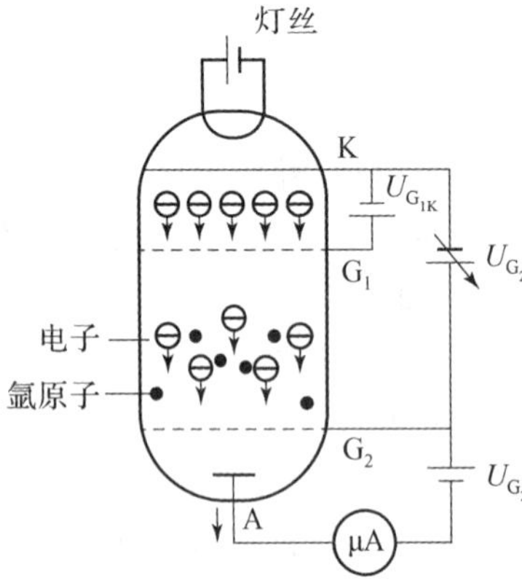

图 6-35-1 弗兰克-赫兹原理图

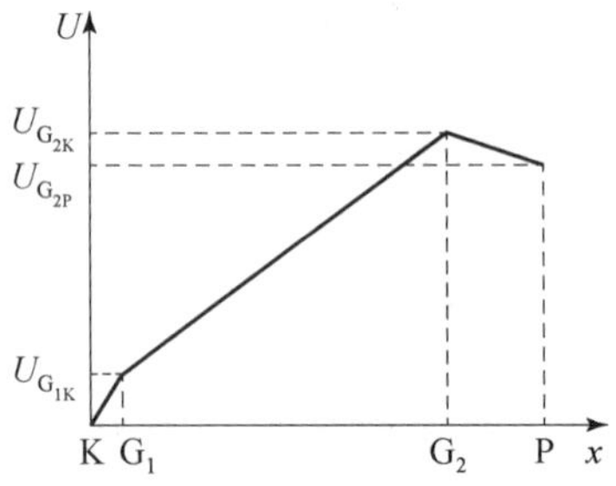

图 6-35-2 弗兰克-赫兹管内空间电势分布

实验时，使 U_{G_2K} 电压逐渐增加并仔细观察电流计的电流指示，如果原子能级确实存在，而且基态和第一激发态之间有确定的能量差，则就能够观察到 I_A-U_{G_2K} 曲线，如图 6-35-3 所示。

图 6-35-3 中所示的曲线反映了氩原子在阴极 K 和第二栅极 G_2 之间的空间与电子进行能量交换的情况。当阴极 K 和第二栅极 G_2 之间的电压逐渐增大时，电子在阴极 K 和第二栅极 G_2 之间的空间被加速而取得越来越大的能量。起始阶段，由于电压较低，因此电子的能量较少，即使在运动过程中它与原子相碰撞(为弹性碰撞)也只有微小的能量交换。穿过第二栅极 G_2 的电子所形成的板极电流 I_A 将随第二栅极电压 U_{G_2K} 的增大而增大(见图 6-35-3 的 oa 段)。当阴极 K 和第二栅极 G_2 之间的电压达到氩原子的第一激发电势 U_0 时，电子在第二栅极 G_2 附近与氩原子相碰撞，将从加速电场中获得的全部能量交给氩原子，并且使氩原子从基态激发

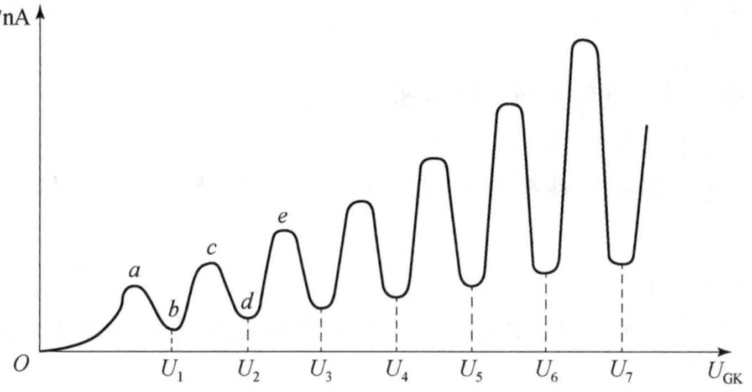

图 6-35-3　弗兰克-赫兹管的 I_A-U_{GK} 曲线

到第一激发态。由于电子把全部能量给了氩原子，即使穿过了第二栅极 G_2，电子也不能克服反向拒斥电场，因此被折回第二栅极（被筛选掉）。所以板极电流将显著减小（见图 6-35-3 所示 ab 段）。随着第二栅极 G_2 电压的增加，电子的能量也随之增加，在与氩原子相碰撞后还剩余足够的能量，可以克服反向拒斥电场，达到板极 A，这时电流又开始上升（见图 6-35-3 所示 bc 段）。直到阴极 K 和第二栅极 G_2 之间的电压是 2 倍氩原子的第一激发电势时，电子在阴极 K 和第二栅极 G_2 之间又会因为二次碰撞而失去能量，所以又会造成第二次板极电流的下降（见图 6-35-3 所示 cd 段）。同理，可得公式为

$$U_{G_2K}=nU_0+U_0 \quad (n=1,2,3,\cdots) \tag{6-35-3}$$

由式(6-35-3)可知，如果 U_{G_2K} 符合条件，则板极电流 I_A 都会相应下跌，形成规则起伏变化的 I_A-U_{G_2K} 曲线。而各次板极电流 I_A 下降相对应的阴极与栅极之间的电压差 $(U_{G_2K})_{n+1}-(U_{G_2K})_n$ 应该是氩原子的第一激发电势 U_0。

本实验通过实际测量证实了原子能级的存在，并且测出了氩原子的第一激发电势（公认值为 $U_0=11.61$ V）。

原子处于激发态时是不稳定的。在实验中被慢电子碰撞到第一激发态的原子要跳回基态，当进行这种反跃迁时，原子应该有 eU_0 电子伏特的能量发射出来。反跃迁时，原子是以放出光量子的形式向外辐射能量。这种光辐射的波长为

$$eU_0=h\nu=h\frac{c}{\lambda} \tag{6-35-4}$$

对于氩原子，光辐射的波长为

$$\lambda=\frac{hc}{eU_0}=\frac{6.63\times10^{-34}\times3.00\times10^{8}}{1.6\times10^{-19}\times11.5}\text{m}=1\,081\ \text{Å}$$

如果弗兰克-赫兹管中充以其他元素，则可以得到它们的第一激发电势，如表 6-35-1 所示。

表 6-35-1　几种元素的第一激发电势

元素	钠(Na)	钾(K)	锂(Li)	镁(Mg)	汞(Hg)	氦(He)	氖(Ne)
U_0/V	2.12	1.63	1.84	3.2	4.9	21.2	18.6
λ/Å	5 898 5 896	7 664 7 699	6 707.8	4 571	2 500	584.3	640.2

四、实验步骤

1. 氩元素的第一激发电势测量实验准备

(1)熟悉弗兰克-赫兹实验仪的使用方法。

(2)按照要求连接弗兰克-赫兹管各组工作电源线,检查无误后开机。将实验仪预热20～30 min。

开机后的初始状态如下。

①实验仪的“1 mA”电流挡位指示灯亮,表明此时电流的量程为 1 mA 挡;电流显示值为 0.000(10^{-7} A)。

②实验仪的“灯丝电压”挡位指示灯亮,表明此时修改的电压为灯丝电压;电压显示值为 000.0;最后一位在闪动,表明现在修改位为最后一位。

③“手动”指示灯亮,表明仪器工作正常。

2. 手动测试

(1)设置仪器为“手动”工作状态,按“手动/自动”键,“手动”指示灯亮。

(2)设定电流量程(电流量程可参考机箱盖上提供的数据),按相应电流量程键,对应的量程指示灯点亮。

(3)设定电压源的电压值(设定值可参考机箱盖上提供的数据),按“↓/↑”“←/→”键完成,需设定的电压源有灯丝电压 U_F、第一加速电压 U_{G_1K}、拒斥电压 U_{G_2A}。

(4)按“启动”键,实验开始。用“↓/↑”“←/→”键完成 U_{G_2K} 电压值的调节,从 0.0 V 起,按照步长 1 V(或 0.5 V)的电压值调节电压源 U_{G_2K},同步记录 U_{G_2K} 值和对应的 I_A 值,同时仔细观察弗兰克-赫兹管的板极电流值 I_A 的变化(可用示波器观察)。为保证实验数据的唯一性,U_{G_2K} 电压必须从小到大单向调节,不可以在过程中来回反复调节。记录最后一组数据后,立即将 U_{G_2K} 电压快速归零。

(5)重新启动,在手动测试的过程中,按“启动”键,U_{G_2K} 的电压值将被设置为零,内部存储的测试数据被清除,示波器上显示的波形也被清除,但是 U_F、U_{G_1K}、U_{G_2A},电流挡位等的状态不发生改变。这时,操作者可以在该状态下重新进行测试,或修改状态后再进行测试。

建议:手动测试 I_A 和 U_{G_2K},完成全部测量后,可以修改 U_F 值,再进行一次测量。

3. 自动测试

智能弗兰克-赫兹实验仪除可以进行手动测试外,还可以进行自动测试。

进行自动测试时,实验仪将自动产生 U_{G_2K} 扫描电压,完成整个测试过程。将示波器与实验仪相连接,在示波器上可看到弗兰克-赫兹管板极电流随 U_{G_2K} 电压变化的波形。

(1)自动测试状态设置。

进行自动测试时,U_F、U_{G_1K}、U_{G_2A},电流挡位等状态设置的操作过程,以及弗兰克-赫兹管的连线操作过程与手动测试操作过程一样。

(2)U_{G_2K} 扫描终止电压的设定。

进行自动测试时,实验仪将自动产生 U_{G_2K} 扫描电压。实验仪默认 U_{G_2K} 扫描电压的初始值为零,U_{G_2K} 扫描电压大约每 0.4 s 递增 0.2 V,直到扫描终止电压为止。当进行自动测试时,必须设置电压 U_{G_2K} 的扫描终止电压。

按“手动/自动”键,“自动测试”指示灯亮;按 U_{G_2K} 电压源选择键,U_{G_2K} 电压源选择指示灯亮；按“↓/↑”“←/→”键完成 U_{G_2K} 电压值的具体设定。设定 U_{G_2K} 终止值时，建议不超过 85 V。

(3)启动自动测试。

选择电压源 U_{G_2K}，再按面板上的“启动”键，自动测试开始。

在自动测试过程中，观察扫描电压 U_{G_2K} 与弗兰克-赫兹管板极电流的相关变化情况(可通过示波器观察弗兰克-赫兹管板极电流 I_A 随扫描电压 U_{G_2K} 变化的输出波形)。在自动测试过程中，为避免误操作面板按键，导致自动测试失败，面板上除“手动/自动”按键外的所有按键都被屏蔽，禁止使用。

(4)自动测试过程正常结束。

当扫描电压 U_{G_2K} 的电压值大于设定的测试终止电压值时，实验仪将自动结束本次自动测试过程，进入数据查询工作状态。

测试数据保留在实验仪主机的存储器中，供数据查询过程使用。所以，自动测试过程正常结束后，示波器仍可以观测到本次测试数据所形成的波形，直到下次测试开始时才刷新存储器的内容。

(5)自动测试结束后的数据查询。

自动测试过程正常结束后，实验仪进入数据查询工作状态。这时面板按键除测试电流指示区外，其他按键都已开启。自动测试指示灯亮，电流量程指示灯指示本次测试的电流量程选择挡位。各电压源选择按键可以选择各电压源的电压值，其中 U_F、U_{G_1K}、U_{G_2A} 电压源只能显示原设定电压值，不能通过按键改变相应的电压值。按“↓/↑”“←/→”键改变电压源 U_{G_2K} 的指示值，则可以查阅到在本次测试过程中，当电压源 U_{G_2K} 的扫描电压值为当前显示值时，对应的弗兰克-赫兹管板极电流值 I_A 的大小，记录 I_A 的峰值、谷值和对应的 U_{G_2K} 值(为便于作图，在 I_A 的峰值、谷值附近需多取几点)。

(6)中断自动测试过程。

在自动测试过程中，按“手动/自动”键，“手动测试”指示灯亮，实验仪就中断了自动测试过程，原设置的电压状态被清除。所有按键再次开启，这时，可以进行下一次的测试准备工作。

本次测试的数据依然保留在实验仪主机的存储器中，直到下次测试开始时，数据才被清除。所以，示波器仍可以观测到部分波形。

(7)结束查询过程恢复初始状态。

当需要结束查询过程时，按“手动/自动”键，“手动测试”指示灯亮，查询过程结束，面板上按键再次全部开启。原设置的电压状态被清除，实验仪存储的测试数据被清除，实验仪恢复到初始状态。

建议：自动测试应设定两次不同的 U_F 值，测量两组 I_A 和 U_{G_2K} 的数据。如果实验时间允许，则还可设定不同的 U_{G_1K}、U_{G_2A} 值，进行多次测试。

五、数据处理

(1)在坐标纸上描绘各组 I_A 和 U_{G_2K} 的数据对应的曲线。

(2)计算每两个相邻峰值或谷值所对应的 U_{G_2K} 的差值 ΔU_{G_2K}，并求出其平均值 $\overline{U}_0$，将实验值 $\overline{U}_0$ 与氩的第一激发电势 $U_0=11.61$ V 进行比较，计算相对误差，并写出结果表达式。

请对不同工作条件下的各组曲线和对应的第一激发电势进行比较，分析哪些量发生了变化，哪些量基本不变，为什么？

实验 36　液晶电光效应综合实验

一、实验目的

(1)掌握液晶光开关的基本工作原理，测量液晶光开关的电光特性曲线，并由电光特性曲线得到液晶的阈值电压和关断电压。

(2)测量驱动电压周期变化，并测量液晶光开关的时间响应曲线，由时间响应曲线得到液晶的上升时间和下降时间。

(3)测量由液晶光开关矩阵构成的液晶显示器的视角特性，以及在不同视角下的对比度，了解液晶光开关的工作条件。

(4)了解液晶光开关构成图像矩阵的方法，学习和掌握图像矩阵组成的液晶显示器构成文字和图形的显示模式，了解一般液晶显示器件的工作原理。

二、实验仪器

本实验所用仪器为液晶电光效应测试仪(含主机、激光器、样品盒、检偏器、光电探测器)。

三、实验原理

1. 液晶光开关的工作原理

液晶的种类很多，以常用的扭曲向列(twisted nematic，TN)型液晶为例，说明其工作原理。

TN 型光开关的结构如图 6-36-1 所示。在两块玻璃板之间夹有正性向列型液晶，液晶分子的形状如同火柴一样，为棍状。棍的长度在十几埃($1\ \text{Å}=10^{-10}\ \text{m}$)，直径为 4～6 Å，液晶层厚度一般为 5～8 μm。玻璃板的内表面涂有透明电极，电极的表面预先进行了定向处理(可以用软绒布朝一个方向摩擦，也可以在电极表面涂取向剂)，液晶分子在透明电极表面就会躺倒在摩擦所形成的微沟槽里；电极表面的液晶分子按一定方向排列，并且上、下电极上的定向方向相互垂直。上、下电极之间的那些液晶分子因范德瓦尔斯力的作用趋向于平行排列。由于上、下电极上液晶的定向方向相互垂直，因此从俯视方向看，液晶分子的排列从上电极沿－45°方向排列，逐步均匀地扭曲到下电极，沿＋45°方向排列，整个扭曲了 90°，如图 6-36-1(a)所示。

理论和实验证明，均匀扭曲排列起来的液晶结构具有光波导的性质，即当偏振光从上电极表面通过扭曲排列起来的液晶传播到下电极表面时，偏振光方向会旋转 90°。

取两张偏振片贴在玻璃的两面，P_1 的透光轴与上电极的定向方向相同，P_2 的透光轴与下电极的定向方向相同，则 P_1 和 P_2 的透光轴相互正交。

在未加驱动电压的情况下，自然光经过偏振片 P_1 后只剩下平行于透光轴的线偏振光，线偏振光到达射出面时，其偏振方向旋转了 90°。这时光的偏振方向与 P_2 的透光轴平行，因此有光通过。

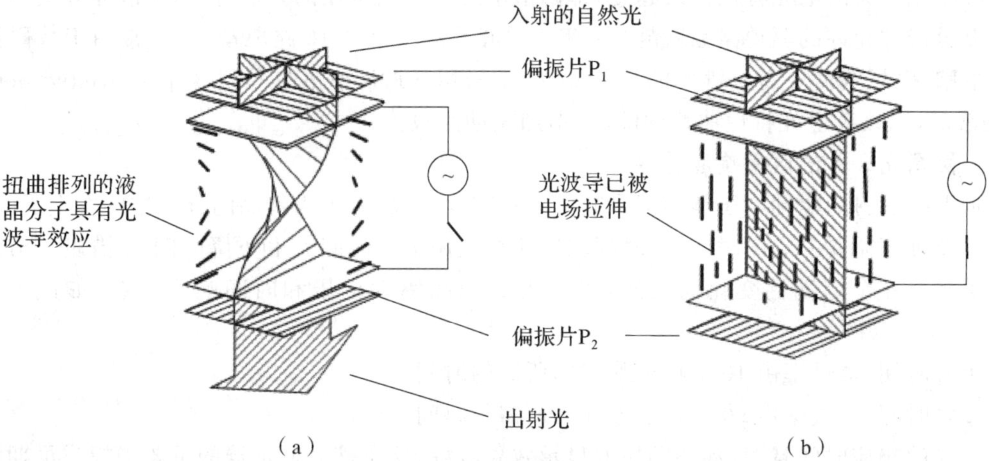

图 6-36-1　TN 型光开关的结构

施加足够的电压情况(一般为 1～2 V),在静电场的作用下,除了基片附近的液晶分子被基片"锚定"以外,其他液晶分子趋于平行电场方向排列。因此原来的扭曲结构被破坏,形成了均匀结构,如图 6-36-1(b)所示。从 P_1 透射出来偏振光的偏振方向在液晶中传播时不再旋转,保持原来的偏振方向到达下电极,光的偏振方向与 P_2 正交,因此没有光通过。

由于 TN 型光开关在没有电场的情况下有光透过,加上电场的时候光被阻断,因此称为常通型光开关,又称为常白模式。若 P_1 和 P_2 的透光轴相互平行,则形成常黑模式。

液晶可以分为热致液晶与溶致液晶。热致液晶在一定的温度范围内呈现液晶的光学各向异性。溶致液晶是溶质溶于溶剂中形成的液晶。目前用于显示器件的都是热致液晶,它的特性随温度的变化而变化。

2. 液晶光开关的电光特性

图 6-36-2 所示为光线垂直液晶面入射时,本实验所用液晶相对透过率(不加电场时的透过率为 100%)与外加电压的关系。

如图 6-36-2 所示,对于常白模式的液晶,其透过率随外加电压的升高而逐渐降低,在电压达到某些值时,透过率略有变化。可以根据此电光特性曲线图得出液晶的阈值电压和关断电压。

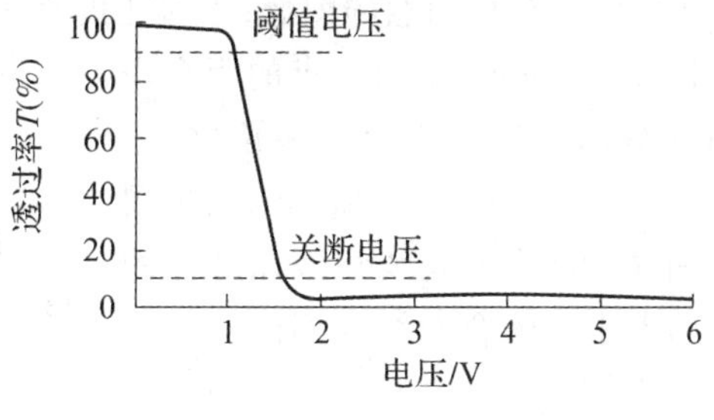

图 6-36-2　液晶光开关的电光特性曲线图

阈值电压:透过率为 90%时的驱动电压。

关断电压:透过率为 10%时的驱动电压。

液晶光开关的电光特性曲线越陡，即阈值电压与关断电压的差值越小，由液晶开关单元构成的显示器件允许的驱动路数就越多。TN 型液晶最多允许 16 路驱动，所以常用于数码显示器。电脑、电视等需要高分辨率的显示器件，常采用 STN（超扭曲向列，super twisted nematic）型液晶，以改善电光特性曲线的陡度，增加驱动路数。

3. 液晶光开关的时间响应特性

加上（或去掉）驱动电压能使液晶光开关状态发生改变，因为液晶的分子排序发生了改变，这种重新排序需要一定的时间，在时间响应曲线上用上升时间 t_r 和下降时间 t_d 描述。给液晶光开关加上一个周期性变化的电压，可以得到液晶驱动电压和时间响应曲线，如图 6-36-3 所示。

上升时间：透过率由 10%上升到 90%所需的时间。

下降时间：透过率由 90%下降到 10%所需的时间。

液晶的响应时间越短，动态图像的显示效果越好，这是液晶显示器的重要指标。早期的液晶显示器在这方面逊色于其他显示器，现在通过结构方面的技术改进，已达到很好的效果。

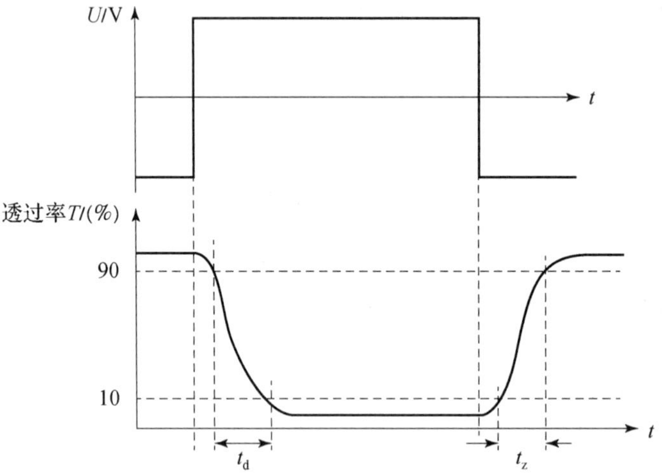

图 6-36-3　液晶驱动电压和时间响应曲线图

4. 液晶光开关的视角特性

液晶光开关的视角特性是对比度与视角的关系。对比度为打开和关断光开关时，透射光强度之比。当对比度大于 5 时，可以获得满意的图像；当对比度小于 2 时，图像就模糊不清了。

某种液晶视角特性如图 6-36-4 所示，用与原点的距离表示垂直视角（入射光线方向与液晶屏法线方向的夹角）的大小。3 个同心圆分别表示垂直视角为 30°、60°和 90°。90°同心圆外面标注的数字表示水平视角（入射光线在液晶屏上的投影与 0°方向之间的夹角）的大小。闭合曲线为不同对比度时的等对比度曲线。

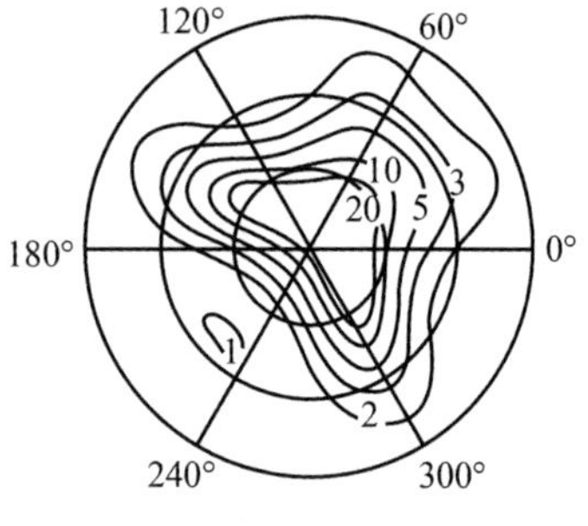

图 6-36-4　某种液晶的视角特性

由图 6-36-4 可以看出，液晶的对比度与垂直和水平视角都有关，而且具有非对称性。若把具有图 6-36-4 中所示的视角特性的液晶光开关逆时针旋转，以 220°方向向下，并且用多个显示开关组成液晶显示屏，则该液晶显示屏的左右视角特性对称，在左、右和俯视 3 个方向中，当垂直视角接近 60°时，对比度为 5，观看效果较好。在仰视方向，对比度随着垂直视角的加大迅速降低，观看效果差。

5. 液晶光开关构成图像显示矩阵的方法

除了液晶显示器以外，其他显示器靠自身发光来实现信息显示功能。这些显示器主要有阴极射线管(cathode ray tube，CRT)显示屏，等离子体显示屏(plasma display ponel，PDP)，电致发光显示屏(electroluminescent display panel，ELD)，发光二极管(light emitting diode，LED)显示屏，有机发光二极管(organic light emitting diode，OLED)显示屏，真空荧光管显示屏(vacuum fluorescent display，VFD)，场发射显示屏(field emission display，FED)。这些显示器因为要发光，所以要消耗大量的能量。

液晶显示器通过对外界光线的开关控制来完成信息显示任务，为非主动发光型显示，其最大的优点在于能耗极低。正因为如此，液晶显示器在便携式装置(如电子表、万用表、手机、传呼机等)的显示方面，具有不可替代的地位。

如何利用液晶光开关来实现图形和图像显示任务。

矩阵显示方式，如图 6-36-5(a)所示，把横条形状的透明电极制作在一块玻璃片上，称为行驱动电极，简称为行电极(常用 X_i 表示)；把竖条形状的透明电极制作在另一块玻璃片上，称为列驱动电极，简称为列电极(常用 S_i 表示)。把这两块玻璃片面对面组合起来，在这两片玻璃之间灌注液晶，构成液晶盒。为了画面简洁，通常将横条形状和竖条形状的 ITO(indium tin oxides)电极抽象为横线和竖线，分别代表扫描电极和信号电极，如图 6-36-5(b)所示。

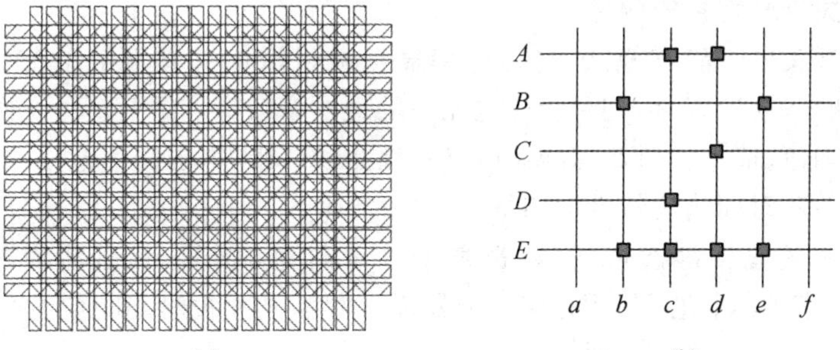

(a) (b)

图 6-36-5 液晶光开关的工作原理

矩阵型显示器的工作方式为扫描方式。

欲显示图 6-36-5(b)中所示的那些有方块的像素，首先，在第 *A* 行加上高电压，在其余行加上低电压，同时在列电极的对应电极 *c*，*d* 上加上低电压，于是第 *A* 行的那些带有方块的像素就被显示出来了。然后，在第 *B* 行上加上高电压，在其余行加上低电压，同时在列电极的对应电极 *b*，*e* 上加上低电压，因此第 *B* 行的那些带有方块的像素被显示出来了。其次，在第 *C* 行、第 *D* 行……，依此类推，最后显示出一整场的图像。这种工作方式称为扫描方式。

这种分时间扫描每一行的方式是平板显示器的共同寻址方式，按照这种方式，可以让每一个液晶光开关按照其上的电压幅值让外界光关断或通过，从而显示出任意文字、图形和图像。

四、实验步骤

将液晶板金手指1(见图6-36-6)插入转盘上的插槽,液晶凸起面必须正对光源发射方向。打开电源开关,点亮光源,使光源预热10 min左右。

在正式进行实验前,首先需要检查仪器的初始状态,查看发射器光线是否垂直入射到接收器。在静态0 V供电电压条件下,透过率显示经校准后是否为100%。如果显示正确,则可以开始实验;如果显示不正确,则指导教师可以根据附录1的调节方法将仪器调整好,再让学生进行实验。

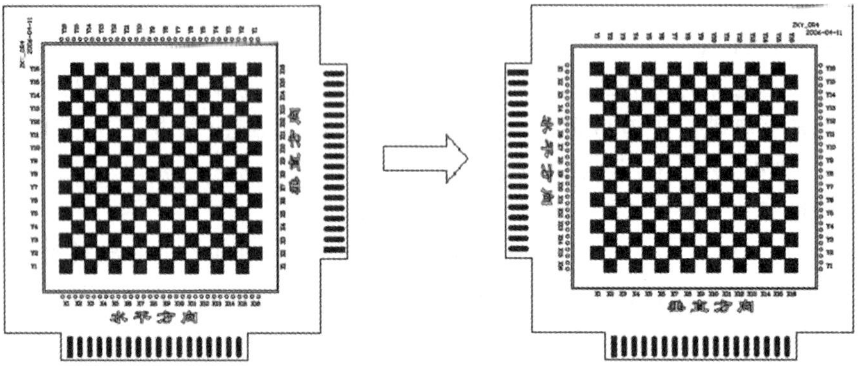

水平方向（金手指1） 垂直方向（金手指2）

图6-36-6 液晶板方向(视角为正视液晶屏凸起面)

1. 液晶光开关电光特性的测量

将模式转换开关置于静态模式,将透过率显示调到100%,按照表6-36-2的数据改变电压,使得电压值从0~6 V变化,记录相应电压下的透过率数值。重复测量3次,并计算相应电压下透过率的平均值,依据实验数据绘制电光特性曲线,可以得出阈值电压和关断电压。

2. 液晶光开关的时间响应特性的测量

将模式转换开关置于静态模式,将透过率显示调到100%,然后将液晶供电电压调到2.20 V,在液晶静态闪烁状态下,用存储示波器观察液晶光开关时间响应特性曲线,根据此曲线得到液晶的上升时间 t_r 和下降时间 t_d。

3. 液晶光开关视角特性的测量

(1)水平方向视角特性的测量。

将模式转换开关置于静态模式。首先,将透过率显示调到100%,然后,进行实验。

确定当前液晶板为金手指1插入的插槽(见图6-36-6)。在供电电压为0 V时,按照表6-36-1所列举的角度调节液晶屏与入射激光的角度,在每一个角度下测量光强透过率的最大值 T_{max}。然后将供电电压设置为2.20 V,再次调节液晶屏角度,测量光强透过率的最小值 T_{min},并计算其对比度。以角度为横坐标,对比度为纵坐标,绘制水平方向对比度随入射光的入射角变化而变化的曲线。

(2)垂直方向视角特性的测量。

关断总电源后,取下液晶显示屏,将液晶板旋转90°,将金手指2(垂直方向)(见图6-36-6)插入转盘插槽。重新通电,将模式转换开关置于静态模式。按照与(1)相同的方法和步骤,可以测量垂直方向的视角特性,并记录在表6-36-1中。

表 6-36-1　液晶光开关视角特性的测量记录表

角度/(°)		−75	−70	…	−10	−5	0	5	10	…	70	75
水平方向视角特性	T_{max}/%											
	T_{min}/%											
	$\frac{T_{max}}{T_{min}}$											
垂直方向视角特性	T_{max}/%											
	T_{min}/%											
	$\frac{T_{max}}{T_{min}}$											

4. 液晶显示器的显示原理

将模式转换开关置于动态(图像显示)模式。液晶供电电压调到 5 V 左右。

此时矩阵开关板上的每个按键位置对应一个液晶光开关像素。初始时,各像素都处于开通状态,按 1 次矩阵开关板上的某一按键,可以改变相应液晶像素的通断状态,所以可以利用点阵输入关断(或点亮)对应的像素,使暗像素(或点亮像素)组合成一个字符或文字。矩阵开关板右上角的按键为清屏键,用以清除已输入在显示屏上的图形。

实验完成后,关闭电源开关,取下液晶板妥善保存。

五、数据处理

1. 液晶光开关电光特性实验

将模式转换开关置于静态模式,将透过率显示调到 100%,改变电压值,使得电压值从 0～6 V 变化,记录相应电压下的透过率数值,并填入表 6-36-2。

表 6-36-2　液晶光开关电光特性的测量记录表

	次数	电压/V														
		0	0.5	0.8	1.0	1.2	1.4	1.6	1.8	2.0	2.2	2.4	3.0	4.0	5.0	6.0
透过率/%	1															
	2															
	3															
	平均值															

由表 6-36-2 绘制电光特性曲线。由曲线图可以得出液晶的阈值电压和关断电压。

2. 液晶光开关时间响应特性实验

将模式转换开关置于静态模式,透过率显示调到 100%,然后将液晶供电电压调到 2.20 V,在液晶静态闪烁状态下,用存储示波器或用信号适配器接模拟示波器可以得出液晶光开关时间响应曲线。记录下不同时间时的透过率,填入表 6-36-3。

表 6-36-3　时间响应的测量记录表

时间/s																		
透过率/%																		

根据表 6-36-3，绘制时间响应曲线。由表 6-36-3 和时间响应曲线图可以得到液晶的响应时间。

3. 液晶光开关视角特性实验

将模式置于静态模式，将透过率显示调到 100%，以水平方向插入液晶板，在供电电压为 0 V 时，调节液晶屏与入射激光的角度，在每一个角度下测量光强透过率的最大值 T_{max}。然后将供电电压设为 2.20 V，再次调节液晶屏角度，测量光强透过率的最小值 T_{min}，将数据记录在表 6-36-4 中，并计算其对比度。

表 6-36-4　水平方向视角特性的测量记录表

正角度	0	5	10	15	20	25	30	35	40	45	50	55	60	65	70	75
T_{max}(0 V)																
T_{min}(2.20 V)																
$\frac{T_{max}}{T_{min}}$																
负角度	0	5	10	15	20	25	30	35	40	45	50	55	60	65	70	75
T_{max}(0 V)																
T_{min}(2.20 V)																
$\frac{T_{max}}{T_{min}}$																

由表 6-36-4 中的数据可以得出比较好的水平视角显示范围。

将液晶板以垂直方向插入插槽，按照与测量水平方向视角特性相同的方法，测量垂直方向视角特性，并将数据记录在表 6-36-5 中。

表 6-36-5　垂直方向视角特性的测量记录表

正角度	0	5	10	15	20	25	30	35	40	45	50	55	60	65	70	75
T_{max}(0 V)																
T_{min}(2.20 V)																
$\frac{T_{max}}{T_{min}}$																
负角度	0	5	10	15	20	25	30	35	40	45	50	55	60	65	70	75
T_{max}(0 V)																
T_{min}(2.20 V)																
$\frac{T_{max}}{T_{min}}$																

由表 6-36-5 中的数据可以得出比较好的垂直视角显示范围。

实验 37　空气热机实验

一、实验目的

(1)理解热机原理及循环过程。

(2)测量不同冷、热端温度时的热功转换值,并验证卡诺定理。

(3)测量热机输出功率随负载及转速的变化关系,并计算热机实际效率。

二、实验仪器

本实验所用仪器包括空气热机测试仪、示波器。

三、实验原理

空气热机的工作原理如图 6-37-1 所示。热机的主机由高温区、低温区、工作活塞及汽缸、位移活塞及汽缸、飞轮、连杆、热源等部分组成。

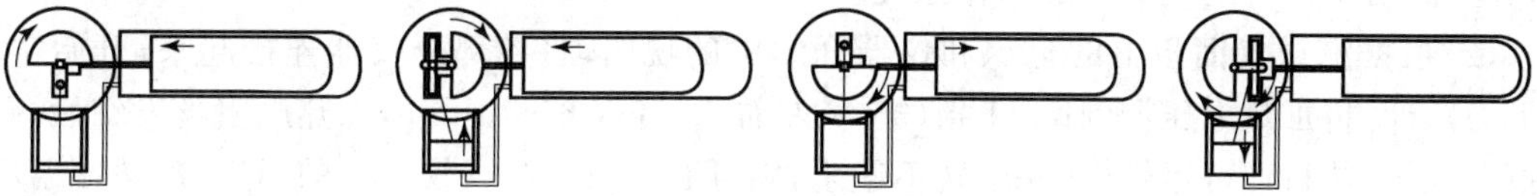

(a)　(b)　(c)　(d)

图 6-37-1　空气热机的工作原理

热机的中部为飞轮与连杆机构,工作活塞与位移活塞通过连杆与飞轮连接。飞轮的下方为工作活塞与工作汽缸,飞轮的右方为位移活塞与位移汽缸,工作汽缸与位移汽缸之间用通气管连接。位移汽缸的右边是高温区,可用电热方式或酒精灯加热,位移汽缸的左边有散热片,是低温区。

工作活塞使汽缸内气体封闭,并在气体的推动下对外做功。位移活塞是非封闭的占位活塞,其作用是在循环过程中使气体在高温区与低温区间不断交换,气体可通过位移活塞与位移汽缸间的间隙流动。工作活塞与位移活塞的运动是不同步的,当某一个活塞处于位置极值时,它本身的速度最小,而另一个活塞的速度最大。

当工作活塞处于最底端时,位移活塞迅速左移,使汽缸内气体向高温区流动,如图 6-37-1(a)所示;进入高温区的气体温度升高,使汽缸内压强增大并推动工作活塞向上运动,如图 6-37-1(b)所示,在此过程中热能转换为飞轮转动的机械能;当工作活塞在最顶端时,位移活塞迅速右移,使汽缸内气体向低温区流动,如图 6-37-1(c)所示;进入低温区的气体温度降低,使汽缸内压强减小,同时工作活塞在飞轮惯性力的作用下向下运动,完成循环,如图 6-37-1(d)所示。在一次循环过程中,气体对外所做净功等于 $p-V$ 曲线与坐标纸所围成的面积。

卡诺根据对热机效率的研究得出的卡诺定理,即对于循环过程可逆的理想热机,热功转换效率为

$$\eta = A/Q_1 = (Q_1 - Q_2)/Q_1 = (T_1 - T_2)/T_1 = \Delta T/T_1 \tag{6-37-1}$$

式中，A 为每一循环中热机做的功；Q_1 为热机每一次循环从热源吸收的热量；Q_2 为热机每一次循环向冷源放出的热量；T_1 为热源的绝对温度；T_2 为冷源的绝对温度。

实际的热机不可能是理想热机，由热力学第二定律可以证明，循环过程不可逆的实际的热机，其效率不可能高于理想热机，此时热机效率为

$$\eta \leqslant \Delta T/T_1 \tag{6-37-2}$$

卡诺定理指出了提高热机效率的途径，就过程而言，应尽可能使实际的不可逆热机接近可逆热机；就温度而言，应尽可能提高冷、热源的温度差。

热机每一次循环从热源吸收的热量 Q_1 正比于 $\Delta T/n$，n 为热机转速，η 正比于 $nA/\Delta T$。N、A、T_1 及 ΔT 均可测量，测量不同冷、热端温度时的 $nA/\Delta T$，观察它与 $\Delta T/T_1$ 的关系，验证卡诺定理。

当热机带负载时，热机向负载输出的功率可以由力矩计测量计算，并且热机实际输出功率的大小随负载的变化而变化。在这种情况下，可以测量并计算出不同负载大小时热机实际输出功率。

四、实验步骤

(1)顺时针拨动飞轮，如图 6-37-1 所示，仔细观察热机循环过程中工作活塞与位移活塞的运动情况，切实理解空气热机的工作原理。

(2)根据测试仪面板上的标识和仪器介绍中的说明，将各部分仪器连接起来，开始实验。取下力矩计，将加热电压调到第 11 挡(36 V 左右)。等待 6～10 min，加热电阻丝发红后，顺时针拨动飞轮，热机即可运转(如果运转不起来，则可看看热机测试仪显示的温度，冷热端温度差在 100 ℃以上时，易于启动)。

(3)将加热电压调至第 1 挡(24 V 左右)，调节示波器，观察压力和容积信号，以及压力和容积信号之间的相位关系等，并把 p-V 图调节到最适合观察的位置。等待约 10 min，在温度和转速平衡后，记录当前加热电压，并从热机测试仪(或计算机)上读取温度和转速，从双踪示波器显示的 p-V 图估算(或计算机上读取)p-V 与坐标纸所围的面积 A。

(4)逐步加大加热功率，等待约 10 min，在温度和转速平衡后，重复测量 4 次以上，将数据记录在表 6-37-1 中。

(5)以 $\Delta T/T_1$ 为横坐标，$nA/\Delta T$ 为纵坐标，在坐标纸上作 $nA/\Delta T$ 与 $\Delta T/T_1$ 的关系图，验证卡诺定理。

表 6-37-1　测量不同冷、热端温度时的热功转换值

加热电压 U/V	热端温度 T_1/℃	温度差 ΔT/℃	$\Delta T/T_1$	A	热机转速 n	$nA/\Delta T$

(6)在最大加热功率下，轻触飞轮让热机停止运转，然后将力矩计装在飞轮轴上，拨动飞轮，让热机继续运转。调节力矩计的摩擦力(不要停机)，待输出力矩、转速、温度稳定后，读取并记录各项参数于表 6-37-2 中。

(7)保持输入功率不变，逐步增大输出力矩，重复测量 5 次以上。

(8)以 n 为横坐标，P_o 为纵坐标，在坐标纸上绘制 P_o 与 n 的关系图，即表示在同一输入功率下，当输出偶合不同时，输出功率或效率随偶合的变化关系。

表 6-37-2　测量热机输出功率随负载及转速的变化关系

输入功率：$P_i = UI =$ ____ W

热端温度 T_1/℃	温度差 ΔT/℃	输出力矩 M	热机转速 n	输出功率 P_o/W	输出效率 η/%

(9)表 6-37-1、表 6-37-2 中的热端温度 T_1、温差 ΔT、转速 n、加热电压 U、加热电流 I、输出力矩 M 可以直接从仪器上读出来，p-V 曲线与坐标轴所围的面积 A 可以根据示波器上的图形估算得到，也可以从计算机软件直接读出(仅适用于微机型热机测试仪)，其单位为焦耳(J)；其他的数值可以根据前面的读数计算得到。

(10)示波器上 p-V 与坐标纸所围的面积的估算方法如下。

根据仪器介绍和说明，用 Q_9 线将仪器上的示波器输出信号和双踪示波器的 X，Y 通道相连。将 X 通道的调幅旋钮旋到“0.1 V”挡，将 Y 通道的调幅旋钮旋到“0.2 V”挡，然后将两个通道都调到交流挡位，并在“X-Y”挡观测 p-V 曲线，再调节左右和上下移动旋钮，可以观测到比较理想的 p-V 曲线。根据示波器上的刻度，在坐标纸上绘制出 p-V 曲线。以图中椭圆所围部分的每个小格为单位，采用割补法、近似法(如近似三角形、近似梯形、近似平行四边形等)等方法估算出每小格的面积，再将所有小格的面积加起来，得到 p-V 曲线与坐标轴所围的面积的近似值，单位为 V^2。根据容积 V，压强 p 与输出电压的关系，可以换算为焦耳(J)。

五、数据处理

记录数据，并处理相关数据，如表 6-37-3 所示。

表 6-37-3　测量不同冷、热端温度时的热功转换值

加热电压 U/V	热端温度 T_1/℃	温度差 ΔT/℃	$\Delta T/T_1$	A	热机转速 n	$nA/\Delta T$
23.6	435.2	123.8	0.284	0.051 49	8.6	0.003 58
25.8	449.7	133.4	0.297	0.048 95	10.7	0.003 93

续表

加热电压 U/V	热端温度 T_1/℃	温度差 ΔT/℃	$\Delta T/T_1$	A	热机转速 n	$nA/\Delta T$
27.7	470.5	151.4	0.322	0.052 66	12.1	0.004 21
28.6	489.8	165.8	0.339	0.055 62	13.3	0.004 46
29.7	492.8	166.8	0.338	0.057 27	14	0.004 81

以 $\Delta T/T_1$ 为横坐标，$nA/\Delta T$ 为纵坐标，得到 $nA/\Delta T$ 与 $\Delta T/T_1$ 的关系图，如图 6-37-2 所示。

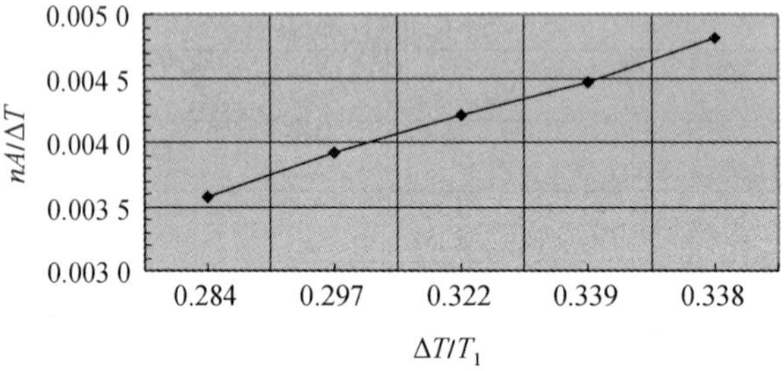

图 6-37-2　不同冷、热温差时的热功转换曲线图

结论：由图 6-37-2 可知，在外加负载不变的情况下，随着加热功率增大，$nA/\Delta T$ 与 $\Delta T/T_1$ 具有线性关系，验证了卡诺定理。

测量热机输出功率随负载及转速的变化关系如表 6-37-4 所示。

表 6-37-4　测量热机输出功率随负载及转速的变化关系

输入功率：$P_i = UI = 35.4\times 5.6\ \text{W} = 198\ \text{W}$

热端温度 T_1/℃	温度差 ΔT/℃	输出力矩 M	热机转速 n	输出功率 P_o/W	输出效率 η/(%)
543.3	208	0.001 5	17.3	0.163	0.08
553.2	217.8	0.005	15.7	0.493	0.25
567.2	232.1	0.006 5	14.9	0.609	0.31
583.9	248.2	0.009 5	12.8	0.764	0.39
593.8	259	0.012 5	10.5	0.825	0.42
600.2	261.2	0.016	7.5	0.754	0.38

以 n 为横坐标，P_o 为纵坐标，得到 P_o 与 n 的关系图，如图 6-37-3 所示。

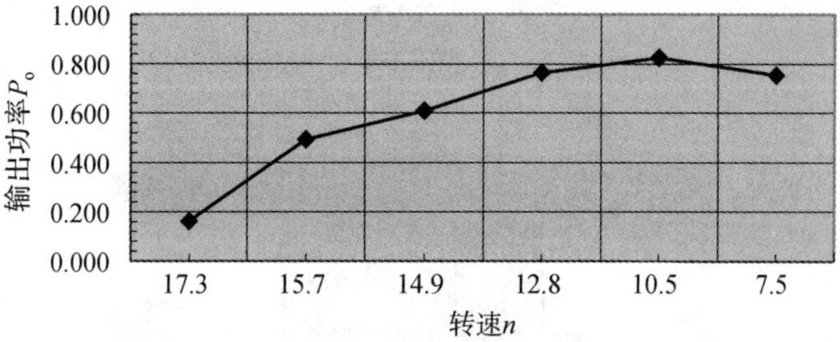

图 6-37-3　输出功率随负载及转速的变化曲线图

实验 38　燃料电池综合特性实验

一、实验目的

(1)了解燃料电池的工作原理。

(2)观察仪器的能量转换过程:光能→太阳能电池→电能→电解池→氢能(能量储存)→燃料电池→电能。

(3)测量燃料电池输出特性,绘制出所测燃料电池的伏安特性(极化)曲线、电池输出功率随输出电压的变化曲线,计算燃料电池的最大输出功率及效率。

(4)测量质子交换膜电解池的特性,验证法拉第电解定律。

(5)测量太阳能电池的特性,绘制出所测太阳能电池的伏安特性曲线、电池输出功率随输出电压的变化曲线,计算太阳能电池的开路电压、短路电流、最大输出功率、填充因子等特性参数。

二、实验仪器

本实验所用仪器包括燃料电池综合实验仪、气水塔、电压表。

绿色能源——太阳能

三、实验原理

1. 燃料电池

质子交换膜(proton exchange membrane,PEM)燃料电池在常温下工作,具有启动快速,结构紧凑的优点,最适宜用于汽车或其他可移动设备的电源,近年来发展很快,其结构示意图如图 6-38-1 所示。

目前广泛采用的全氟磺酸质子交换膜为固体聚合物薄膜,厚度为 0.05～0.1 mm,它提供氢离子(质子)从阳极到达阴极的通道,但是电子或气体不能通过。

催化层是将纳米量级的铂粒子用化学或物理的方法附着在质子交换膜表面,厚度约为 0.03 mm,对阳极氢的氧化和阴极氧的还原起催化作用。

膜两边的阳极和阴极由石墨化的碳纸或碳布做成,厚度为 0.2～0.5 mm,导电性能良好,其上的微孔提供气体进入催化层的通道,该部分称为扩散层。

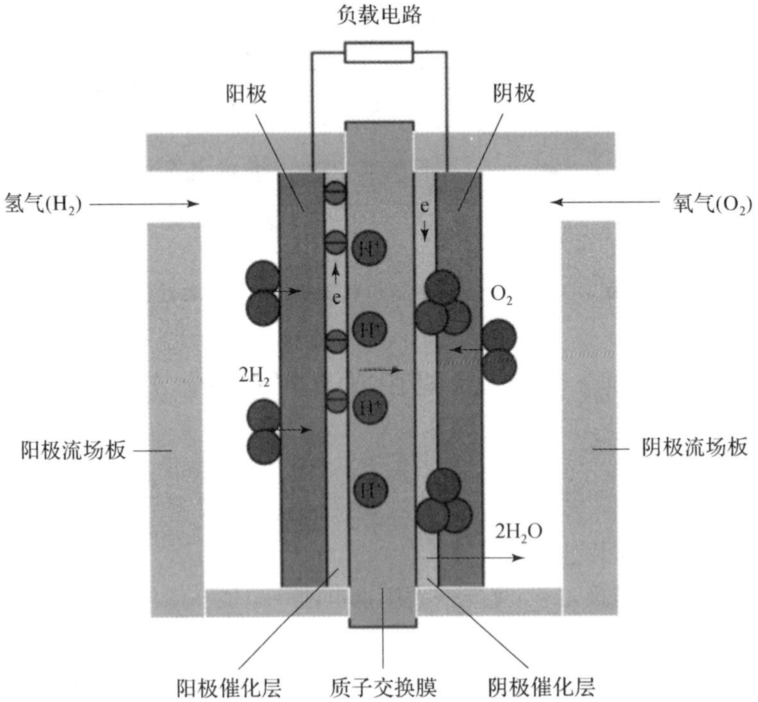

图 6-38-1　质子交换膜燃料电池结构示意图

商品燃料电池为了提供足够的输出电压和功率，需要将若干单体电池串联或并联在一起，流场板一般由导电良好的石墨或金属做成，与单体电池的阳极和阴极形成良好的电接触，称为双极板，其上有供气体流通的通道。教学用燃料电池为直观起见，一般采用有机玻璃做流场板。

进入阳极的氢气(H_2)通过电极上的扩散层到达质子交换膜。氢分子在阳极催化剂的作用下解离为 2 个氢离子(H^+)，即质子，并释放出 2 个电子(e)，阳极反应公式为

$$H_2 = 2H^+ + 2e \tag{6-38-1}$$

氢离子以水合氢离子的形式，在质子交换膜中从一个磺酸基转移到另一个磺酸基，最后到达阴极，实现质子导电，质子的这种转移导致阳极带负电。

在电池的另一端，氧气(O_2)或空气通过阴极扩散层到达阴极催化层，在阴极催化层的作用下，氧与氢离子和电子反应生成水，阴极反应式为

$$O_2 + 4H^+ + 4e = 2H_2O \tag{6-38-2}$$

阴极反应使阴极缺少电子而带正电，结果在阴极、阳极之间产生电压，在阴极、阳极之间接通外电路，就可以向负载输出电能。总的化学反应式为

$$2H_2 + O_2 = 2H_2O \tag{6-38-3}$$

注意：在电化学中，失去电子的反应叫氧化反应，得到电子的反应叫还原反应。产生氧化反应的电极是阳极，产生还原反应的电极是阴极。对电池而言，阴极是电池的正极，阳极是电池的负极。

2. 水的电解

水的电解会产生氢气和氧气，与燃料电池中氢气和氧气反应生成水互为逆过程。

水的电解装置同样因电解质的不同而不同，碱性溶液和质子交换膜是最好的电解质。如果以质子交换膜为电解质，如图 6-38-1 所示，在右边电极接电源正极形成电解质的阳极，在其上产生氧化反应 $2H_2O = O_2 + 4H^+ + 4e$；在左边电极接电源负极形成电解质的阴极，阳极产生的氢离子通过质子交换膜到达阴极后，在其上产生还原反应 $2H^+ + 2e = H_2$，即在右边电极析出氧气，左边电极析出氢气。

燃料电池或电解器的电极在制造上通常有些差别，燃料电池的电极应利于气体吸收，而电解器需要尽快排出气体。燃料电池阴极产生的水应随时排出，以免阻塞气体通道，而电解器的阳极必须被水覆盖。

3. 太阳能电池

太阳能电池利用半导体 PN 结受光照射时的光伏效应发电，太阳能电池的基本结构就是一个大面积平面 PN 结，如图 6-38-2 所示。

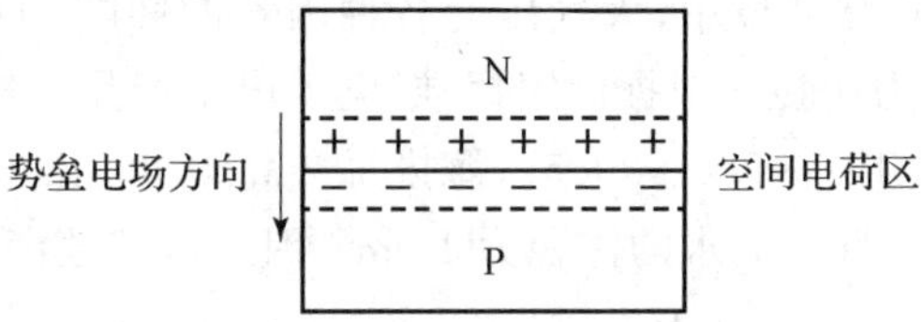

图 6-38-2 半导体 PN 结示意图

P 型半导体中有相当数量的空穴，几乎没有自由电子。N 型半导体中有相当数量的自由电子，几乎没有空穴。当两种半导体结合在一起形成 PN 结时，N 区的电子(带负电)向 P 区扩散，P 区的空穴(带正电)向 N 区扩散，在 PN 结附近形成空间电荷区与势垒电场。势垒电场会使载流子向扩散的反方向进行漂移运动，最终扩散与漂移达到平衡，使流过 PN 结的净电流为零。在空间电荷区内，P 区的空穴与 N 区的电子复合，使该区内几乎没有能够导电的载流子，称为结区或耗尽区。

当光电池接受光照射时，部分电子被激发而产生电子-空穴对，在结区激发的电子和空穴分别被势垒电场推向 N 区和 P 区，使 N 区有过量的电子而带负电，P 区有过量的空穴而带正电，PN 结两端形成电压，这就是光伏效应。如果将 PN 结两端接入外电路，则可以向负载输出电能。

四、实验步骤

1. 质子交换膜电解池特性的测量

理论分析表明，如果不考虑电解器的能量损失，则在电解器上加 1.48 V 电压就可使水分解为氢气和氧气。实际上由于各种损失，输入电压高于 1.6 V 电解器才能够开始工作。

电解器的效率为

$$\eta_{电解} = \frac{1.48}{U_{输入}} \times 100\% \tag{6-38-4}$$

当输入电压较低时，虽然能量利用率较高，但是电流小，电解的速率低，因此通常使电解器输入电压为 2 V 左右。

根据法拉第电解定律，电解生成物的量与输入电量成正比。在标准状态下(温度为 0 ℃，电解器产生的氢气保持在 1 个大气压），设电解电流为 I，经过时间 t 产生的氢气体积（氧气体积为氢气体积的一半）的理论值为

$$V_{\text{氢气}}=\frac{It}{2F}\times 22.4 \tag{6-38-5}$$

式中，$F=eN_A=9.65\times10^4$ C/mol 为法拉第常数，$e=1.602\times10^{-19}$ C 为电子电量，$N_A=6.022\times10^{23}$ 为阿伏伽德罗常量；$\frac{It}{2F}$ 为产生的氢分子的物质的量；22.4 为标准状态下气体的摩尔体积数值，单位为 L・mol^{-1}。

如果实验时的摄氏温度为 T，所在地区气压 p，根据理想气体状态方程，可对式(6-38-5)修正为

$$V_{\text{氢气}}=\frac{273.16+T}{273.16}\cdot\frac{p_0}{p}\cdot\frac{It}{2F}\times 22.4 \tag{6-38-6}$$

式中，p_0 为标准大气压。自然环境中，大气压受各种因素的影响，如温度和海拔等的影响，其中海拔对大气压的影响最为明显。根据国家标准《电工电子产品自然环境条件第 2 部分：海拔与气压、水深与水压》(GB/T 4797.2—2005)，海拔每升高 1 000 m，大气压下降约 10%。

由于水的分子量为 18，且每克水的体积为 1 cm^3，因此电解池消耗的水的体积为

$$V_{\text{水}}=\frac{It}{2F}\times 18=9.33It\times10^{-5}\ \text{cm}^3 \tag{6-38-7}$$

式(6-38-6)、式(6-38-7)的计算对燃料电池同样适用，只是其中的 I 代表燃料电池输出电流，$V_{\text{氢气}}$ 代表燃料消耗量，$V_{\text{水}}$ 代表电池中水的生成量。

(1)确认气水塔水位在水位上限与下限之间。将测试仪的电压源输出端串联电流表后接入电解池，将电压表并联到电解池两端。将气水塔输气管止水阀关闭，调节恒流源输出到最大（旋钮顺时针旋转到底），让电解池迅速产生气体。当气水塔下层的气体低于最低刻度线的时候，打开气水塔输气管止水阀，排出气水塔下层的空气。如此反复操作 2～3 次后，气水塔下层的空气基本排尽，剩下的就是纯净的氢气和氧气了。根据表 6-38-1 中的电解池输入电流大小，调节恒流源的输出电流，待电解池输出气体稳定后（约 1 min），关闭气水塔输气管。测量输入电流、电压及产生一定体积的气体的时间，记录在表 6-38-1 中。

(2)由式(6-38-6)计算氢气产生量的理论值，并与氢气产生量的测量值进行比较。若不管输入电压与电流大小，氢气产生量只与电量成正比，且测量值与理论值接近，则验证了法拉第定律。

2. 燃料电池输出特性的测量

在一定的温度与气体压力下，改变负载电阻的大小，测量燃料电池的输出电压与输出电流之间的关系，如图 6-38-3 所示。电化学家将其称为极化特性曲线，习惯用电压作为纵坐标，电流作为横坐标。

理论分析表明，如果燃料的所有能量都被转换成电能，则理想电动势为 1.48 V。实际燃料的能量不可能全部转换成电能，例如，总有一部分能量转换成热能，少量的燃料分子或电子穿过质子交换膜形成内部短路电流等，所以燃料电池的开路电压低于理想电动势。

随着电流从零增大，输出电压有一段区间下降较快，主要是因为电极表面的反应速度有限，当有电流输出时，电极表面的带电状态改变，当驱动电子输出阳极或输入阴极时，产生的部分电压会被损耗掉，这一段被称为电化学极化区。

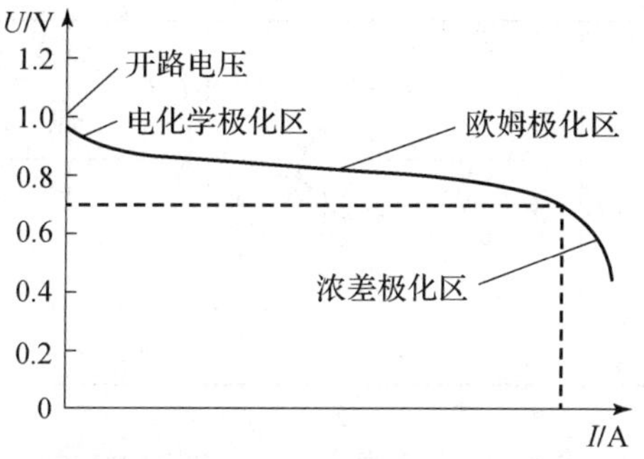

图 6-38-3　燃料电池的极化特性曲线

输出电压的线性下降区的电压下降，主要是电子在通过电极材料及各种连接部件时，由离子通过电解质的阻力引起的，这种电压下降与电流大小成一定比例，所以被称为欧姆极化区。

当输出电流过大时，燃料供应不足，电极表面的反应物浓度下降，使输出电压迅速降低，而输出电流基本不再增加，这一段被称为浓差极化区。

综合考虑燃料的利用率(恒流供应燃料时可表示为燃料电池电流与电解电流之比)及输出电压与理想电动势的差异，燃料电池的效率为

$$\eta_{电池}=\frac{I_{电池}}{I_{电解}}\cdot\frac{U_{输出}}{1.48}\times 100\%=\frac{P_{输出}}{1.48\times I_{电解}}\times 100\% \tag{6-38-8}$$

在电流的某一输出区间时，燃料电池的输出功率相当于图 6-38-3 中所示的虚线围出的矩形区。在使用燃料电池时，应根据伏安特性曲线，选择适当的负载匹配，使效率与输出功率达到最大。

(1)实验时，让电解池输入电流保持在 300 mA，关闭风扇。

(2)将电压测量端口接到燃料电池输出端。打开燃料电池与气水塔之间的氢气、氧气连接开关，等待约 10 min，让电池中的燃料浓度达到平衡值，在电压稳定后，记录开路电压值。

(3)将电流量程按钮切换到 200 mA。可变负载调至最大，电流测量端口与可变负载串联后接入燃料电池输出端，改变负载电阻的大小，使输出电压值为表 6-38-2 中所示的数值(输出电压值可能无法精确到表中所示数值，相近即可)，在数值稳定后，记录电压、电流值。

(4)当负载电阻突然调得很低时，电流会突然升到很高，甚至超过电解电流值，这种情况是不稳定的，重新恢复稳定需要较长时间。为避免出现这种情况，在输出电流高于 210 mA 后，每次调节时减小的电阻为 0.5 Ω；在输出电流高于 240 mA 后，每次调节时减小的电阻为 0.2 Ω，每测量一个点的平衡时间稍长一些(约 5 min)。在稳定后，记录电压、电流值。绘制出所测燃料电池的极化曲线。绘制出该电池输出功率随输出电压的变化曲线。

(5)求出该燃料电池最大输出功率及最大输出功率对应的效率。

(6)实验完毕，关闭燃料电池与气水塔之间的氢气、氧气连接开关，切断电解池输入电源。

五、数据处理

将实验数据填入表 6-38-1 和表 6-38-2。

表 6-38-1　电解池特性的测量

输入电流 I/A	输入电压 U/V	时间 t/s	电量 It/C	氢气产生量测量值/L	氢气产生量理论值/L
0.10					
0.20					
0.30					

表 6-38-2　燃料电池输出特性的测量

电解电流：____mA

输出电压 U/V	0.90	0.85	0.80	0.75	0.70	…
输出电流 I/mA						
功率 P/mW						

第7章　设计性实验

设计性实验是学生在自主运用所学的物理原理及实验知识和技能，在实验思想的构建、实验方法的形成、实验测量手段与仪器的选择、实验测量条件的确定及实验步骤的形成等方面得到系统科学的实验基本训练的过程。侧重培养学生的独立性和创造性，着重提升学生对问题进行分析和总结的能力。设计性实验对激发学生的创造性，培养科学实验能力，提高综合素质有着重要的作用。

设计性实验的要求稍微高于基础实验，与基础实验不同的是本部分实验没有给出实验原理、实验步骤、数据处理表格及数据处理方法等，而只是给出了一些问题及实验要求和任务，因此实验前必须通过查阅一些相关的资料文献，弄清楚实验原理，设计出实验方案，并拟出实验步骤。

完成设计性实验的基本思想是明确实验原理（理论依据及测量公式），优化实验方法（测量可行性），选择实验仪器、确定实验条件（参数选择满足精度要求），搭建实验环境（完整的线路图、光路图、实验组件连接），制订测量步骤（设计符合测量目的及数据处理要求的测量数据表格），获得实验数据（完成所有的实验实际测量），总结实验结果（对实验数据给出合理恰当的分析与讨论）。

1. 实验原理的选择

对某一物理量的测量往往可以采用和依照不同的物理学原理来进行设计。这就需要实验者根据实验目的和要求，在查阅资料的基础上，收集各种可能的实验方案，并根据物理学原理及相关实验基础知识，建立合理的物理实验模型，确定被测量物理量与可测量物理量之间的关系，推出有关测量公式，提出初步实验方案。

2. 实验方法的选择

提出初步实验方案后，要对实验方案的可测性进行论证，即结合测量公式中各个物理量的特性，考察所提出的方案是否可以通过特定的实验方法来实现，判断现有实验条件是否满足原理要求，系统误差能否得到很好地处理，实验测量装置及仪器选配是否适用，粗略估算测量结果能否达到所要求的精度等。通过分析比较，选择一种实验测量方法上可行、实验测量条件允许、能够保证测量精度的最佳实验法。所谓最佳实验方法是指能够结合实验实际条件、依据对测量结果的精度要求、选择恰好符合要求且最经济的实验方法。

3. 测量条件（仪器及参数）的选择

在实验方法确定后，对各种测量仪器的选择及测量条件等进行筛选，使各种测量结果误差满足测量精度要求。在选择测量仪器时，主要考虑仪器的分辨率、精确度、量程、实用性、经济性等。对于较复杂的多参量的实验来说，会用多种测量仪器以完成对多个物理量的测量，只要能够达到实验要求的测量精确度，并且保证每个仪器的相对不确定度基本相当，这种选择就是最合适的。

4. 数据表格及数据处理方法的选择

数据表格的设计要紧紧围绕实验目的，并可以作为最终实验规律的讨论的依据。了解实验中各个物理量之间的因果关系，明确对实验数据结果讨论的目标，通过设置适当的实验条件，以及合理控制实验变量，使得到的数据之间便于对比分析，从而便于得到各个变量之间系统性、规律性的相关结论。数据表格往往是实验规律目标设计思想的最直接体现，它的最终目的是给最后的数据处理提供素材。

5. 实验测量方案及详细规划

根据实验原理、实验方法、测量手段的选择，绘制出完整的实验电路图、光路图、仪器组件关系图，明确选用测量仪表的规格，标注实验测量条件及参数，绘制完整的数据表格，制订完备的实验操作步骤。

6. 实验报告的撰写

在设计实验的报告中，阐明实验原理、实验方法的选择，给出实验仪器及测量条件的确定依据，给出完整的实验方案，列出数据结果及数据处理，分析和讨论实验现象及实验规律，通过对实验结果的评价与分析判断实验方案制订及选择的合理性。

本章介绍了 4 个设计性实验，包括 1 个力学实验、2 个电磁学实验、1 个光学实验。理工科非物理专业或物理专业可以选做。

实验 39　分压电路和限流电路的研究

分压法和限流法电路虽然都可以调节负载电阻的电压和电流的大小，但是在不同条件下，调节效果不一样。因此通过在理论和实验上系统分析和探究限流电路和分压电路的特性，根据具体的实验要求，我们可以选择不同的电路接法。

一、实验目的

(1)研究滑动变阻器的有关参数。

(2)学会设计简单的控制电路——根据对电路控制和调整的要求，正确选择滑线式变阻器，以及它在电路中的连接方法。

二、实验任务与要求

变阻器在电路中的应用十分广泛，用于控制电路中电压和电流的连续变化，常用的为滑动变阻器。因此，全面地了解滑动变阻器在电路中的不同接法和特点，以便于实现对电路的控制。

从研究的角度来看，一个实验电路一般可分为测量电路、电源和控制电路三部分。测量电路是事先根据实验方法确定好的，例如，要用比较法校准某一电流表，先要选好一个标准电流表，使它和待校电流表串联起来，这就是测量电路。可以把测量电路抽象地用一个电阻 R 来代替，称为负载。根据负载所要求的电压 U 和电流 I，就可以选定电源。一般电学实验对于电源要求并不严格(本实验中不计电源内阻)，只要选择电源的电动势 E 略大于 U，电源的额定电流大于工作电流 I 即可。

负载和电源都确定后，就可以选择控制电路，使负载能够获得所需要的各个不同的电压和电流值。一般来说，控制电路有限流和分压两种基本的接法。这两种接法的性能和特点可由调节范围、特性曲线和细调程度来表征。

三、实验步骤

(1)比较滑动变阻器的两种接法(分压和限流)在性能上的差异。

①调节范围和细调程度的分析(与哪些物理量有关)。

②绘制出分压特性曲线和限流特性曲线，学会滑动变阻器两种不同接法的用途。

(2)分别用不同阻值(一般可相差 10 倍)的滑动变阻器进行串联、并联或混联，并进行数据的比较或分析。

(3)根据滑线式变阻器的分压和限流性能，设计一个用伏安法测量阻值为几十欧姆负载的控制电路，测量电流的范围为 10～100 mA。

①选择合适的电源、电流表、电压表、滑动变阻器，设计测量电路。

②用实验来验证选择和设计的正确性，观察细调情况，进行分析和讨论数据结果。

实验 40　气垫导轨法验证动量守恒

一、实验目的

(1)在弹性碰撞下验证动量守恒定律。

(2)学习使用气垫导轨和数字毫秒计。

(3)了解弹性碰撞的特点。

二、实验任务与要求

动量守恒定律：如果一个系统不受力，或受到的外力的矢量和等于零，则该系统的总动量(包括方向和大小)保持不变，总动量公式为

$$p = \sum_{i=1}^{n} m_i v_i = \text{恒量} \tag{7-40-1}$$

式中，m_i 和 v_i 分别是系统中第 i 个物体的质量和速度；n 是组成该系统的物体的个数。若系统所受合力在某一方向的分量为零，则此系统在该方向的总动量守恒。

本实验研究两个滑块在水平的气垫导轨上沿一直线运行碰撞的情况，如图 7-40-1 所示。水平气垫导轨上滑块的运动可以近似看作无摩擦阻力，且空气阻力及黏滞力可以忽略不计，则两个滑块所组成的系统在水平方向上除了受到碰撞时彼此相互作用的内力外，不受其他外力作用，该系统在运动方向上动量守恒。

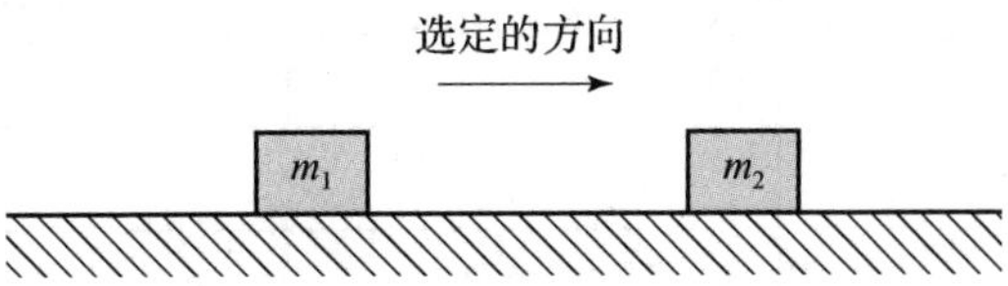

图 7-40-1　碰撞示意图

设两个滑块的质量分别为 m_1 和 m_2，它们碰撞前的速度分别为 v_{10} 和 v_{20}，碰撞后的速度分别为 v_1 和 v_2，若选定了速度的正方向，则两个滑块的动量关系为

$$m_1 v_{10} + m_2 v_{20} = m_1 v_1 + m_2 v_2 \tag{7-40-2}$$

完全弹性碰撞下，系统的动量守恒，机械能也守恒。实验中，将两个滑块相互碰撞端装上缓冲弹簧圈，由于缓冲弹簧圈形变后能够迅速恢复原状，因此系统的机械能近似无损失，从而实现两个滑块的碰撞为弹性碰撞。由于两个滑块碰撞前后无势能的变化，因此系统的机械能守恒就体现为系统的总动能守恒，即

$$\frac{1}{2}m_1 v_{10}^2 + \frac{1}{2}m_2 v_{20}^2 = \frac{1}{2}m_1 v_1^2 + \frac{1}{2}m_2 v_2^2 \tag{7-40-3}$$

若两个滑块质量相等，即 $m_1 = m_2 = m$ 且 $v_{20} = 0$，则由式(7-40-2)和式(7-40-3)，并考虑物理上的实际情况，将得到两个滑块彼此交换速度，即 $v_1 = 0$，$v_2 = v_{10}$。

三、实验步骤

(1)将气垫导轨调至水平，数字毫秒计功能键选择为“碰撞”挡，使数字毫秒计处于正常工作状态。

(2)取两个质量近似相等的滑块，分别装上挡光片和弹簧圈，用天平称出两个滑块的质量 m_1 和 m_2(包括挡光片和弹簧圈，此时有 $m_1 \approx m_2$)。

(3)接通气阀后，将滑块 m_2 置于两个光电门之间(两个光电门距离不可以太远)，并保持静止($v_{20}=0$)。如图 7-40-2 所示，将另一个滑块 m_1 放置在导轨的另一端，通过缓冲弹簧来推动滑块 1，也可在滑块 m_1 后面再加一个小滑块，用小滑块去推动滑块 m_1，让滑块 m_1 与 m_2 相撞，记下 m_1 通过第一个光电门的时间 Δt_{10}，按下数字毫秒计的“转换”键，可以得到 m_1 通过第一个光电门的速度 v_{10}。

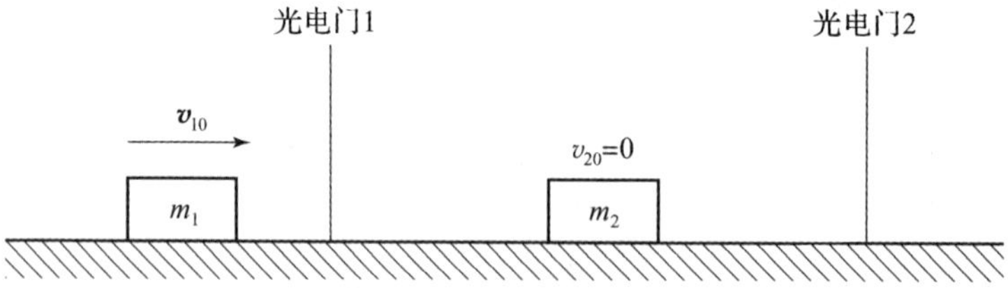

图 7-40-2　验证动量守恒定律示意图

(4)两个滑块碰撞之后，滑块 m_1 将静止，而滑块 m_2 以速度 v_2 向前运动，记下 m_2 通过第二个光电门的时间 Δt_2，按下数字毫秒计的“转换”键，可以得到 m_2 通过第一个光电门的速度 v_2。重复测量 3 次，记录所测数据，填入表 7-40-1。

表 7-40-1　完全弹性碰撞实验数据处理表($m_1 = m_2$)

m_1=____g，m_2=____g，$v_{20}=0$ cm/s，挡光板宽度 Δx=____cm

次数	Δt_{10}/s	$v_{10}/(\mathrm{cm \cdot s^{-1}})$	Δt_2/s	$v_2/(\mathrm{cm \cdot s^{-1}})$	$p_0 = m_1 v_{10}$/ $(\mathrm{g \cdot cm \cdot s^{-1}})$	$p' = m_1 v_1 + m_2 v_2$/ $(\mathrm{g \cdot cm \cdot s^{-1}})$
1						
2						
3						

四、注意事项

(1)实验时,应确保安装在滑块上的弹簧圈是对称和牢固的,以保证对心碰撞,尽量避免碰撞时滑块的晃动。

(2)尽量不要用手直接推滑块 1 去碰撞滑块 2,可以通过缓冲弹簧来推动滑块 1,也可以在滑块 1 后面再加一个小滑块,用小滑块去推动滑块 1,以保证推力和轨面平行。

实验 41　热功当量的测量

在热力学定律发展的初期,科学家一直被热与功之间的转换所困扰。1840—1848 年,焦耳通过一连串实验发现热与功转换的相对应量,即热功当量。热功当量是多少热可以换成多少功的转换值。热功当量实验的成功,否定了当时风行一时的错误的"热质说",大大促进了热力学的发展。

一、实验目的

(1)研究并测量热功当量。

(2)研究散热修正的方法。

二、实验任务与要求

(1)用电加热法测量热功当量,并进行散热修正。

(2)按照规范要求写实验报告。

三、实验原理

1. 热功当量

焦耳通过大量的实验发现,对一个系统做功,能够使系统的温度上升。如果要使系统上升的温度与给该系统输入 1 cal① 热量上升的温度相同,则应输入系统的功近似为 4.2 J。在实验误差范围内,功和热的等价输入之间存在一个比例常数 J,把 J 称为热功当量。

2. 用电加热法测定热功当量

设电阻丝两端的电压为 U,通过电阻丝的电流为 I,通电时间 t,则电场力做功为

$$A=UIt \tag{7-41-1}$$

如果这些功全部转化为热量,使一个盛水的量热器系统温度从 T_0 上升到 T_n,则系统所吸收的热量为

$$Q=(m_0c_0+m_1c_1+m_2c_2+0.46V)(T_n-T_0) \tag{7-41-2}$$

式中,c_0、m_0、m_1、c_1、m_2、c_2 分别为水、量热器内筒、搅拌器、电阻丝和接线柱的质量和比热容;V 为温度计浸在水中的体积,单位为 cm^3;Q 的单位为 J;比热容的单位为 J/(kg·K)。若实验中无热量损失,则有 $A=JQ$。热功当量为

① 1 cal=4.186 8 J。

$$J=\frac{A}{Q} \tag{7-41-3}$$

3. 散热修正

实验系统并非是理想绝热系统。实验过程中，系统始终与环境之间存在热量交换。设散失的热量为 Q_1，根据牛顿冷却定律，当系统与环境温差不大时，系统处于自然冷却情况下，系统的散热速率为

$$\frac{\mathrm{d}Q_1}{\mathrm{d}t}=K(T-\theta) \tag{7-41-4}$$

式中，T、θ 为系统温度和环境温度。当$(T-\theta)$为 10～15 ℃时，K 是一个常数，与系统表面的性质（颜色、状况、热容）有关。

由式(7-41-4)得

$$Q_1 = K\int_{t_0}^{t_n} T\mathrm{d}t - K\theta(t_n - t_0) \tag{7-41-5}$$

在 t 时间内，加热使系统温度从 T_0 上升到 T_n，每间隔 Δt 记录一次系统的温度。选择系统已经自然冷却后的某时刻的温度为 T_0'开始计时，每间隔 Δt 记录一次系统的温度，经过一段时间（可以 min 为单位）后，系统温度降至 T'，则可求得

$$\int_{t_0}^{t_n} T\mathrm{d}t = \left[\frac{1}{2}(T_0 + T_n) + T_1 + T_2 + \cdots + T_{n-1}\right]\Delta t \tag{7-41-6}$$

$$K=\frac{c_S(T_0'-T_m')}{[0.5(T_m'+T_0')+T_1'+T_2'+T_{m-1}'-m\theta]\Delta t} \tag{7-41-7}$$

$$Q_1=c_S\frac{\left[\frac{1}{2}(T_0+T_n)+T_1+T_2+\cdots+T_{n-1}-n\theta\right](T_0'-T_m')}{\frac{1}{2}(T_m'+T_0')+T_1'+T_2'+\cdots+T_{m-1}'-m\theta} \tag{7-41-8}$$

4. 测量装置及参考数据

热功当量测量装置如图 7-41-1 所示，仪器的参考技术指标：加热电炉丝的阻值约为 15 Ω；烧杯玻璃的比热容 $c=0.179\times10^3$ cal/(℃ · kg)；搅拌器、电极和电热丝的总质量 36.5 g，比热容 $c=0.107\times10^3$ cal/(℃ · kg)。

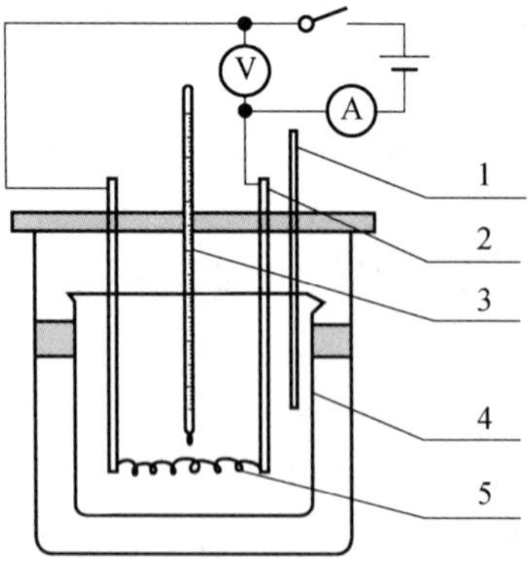

1—搅拌器；2—接线柱；3—温度计；4—量热器内筒；5—电阻丝。

图 7-41-1　热功当量测量装置

实验 42　自制双缝测光波的波长

英国物理学家托马斯·杨(Thomas Young,1773—1829)于 1801 年通过分波面的实验得到两列相干光波,即著名的杨氏双缝干涉实验。实验中一个关键的光学器件就是双缝,可以将光源波面分成两个次波的波面,然后波面相遇叠加形成多条明暗相间的条纹。双缝在波动光学、光谱学甚至量子力学中有极重要的应用。对双缝进行物理上周期性的扩展形成的多条缝的光学部件就是光栅。许多精密光学仪器中装载双缝或光栅,用于对目标光进行色散,并测量谱线的相关物理量。为提高实验者对双缝这一个重要的光学器件的认识,本实验要求自行制作双缝,并应用双缝对光波的波长进行测量。

一、实验目的

(1)了解双缝的结构,学习制作双缝,进一步学习读数显微镜的使用方法。

(2)观察与分析双缝干涉现象,掌握双缝干涉的基本规律。

(3)掌握用双缝干涉测定光波的波长。

二、实验任务与要求

1. 制作几个间距合适的双缝

(1)根据双缝干涉原理,清楚双缝间距合适范围。

(2)制订能够控制双缝间距的方案。

(3)测量双缝的间距 d。

2. 设计用自制双缝测量光波的波长的实验方案

(1)根据双缝干涉原理,绘制出双缝干涉光路图。

(2)确定光学元件的规格和具体参数。

(3)根据设计的自制双缝测量光波的波长的实验方案,给出选择各个光学元件规格的理由,并拟订实验步骤。

三、实验步骤

(1)自制双缝。所需的器材:蜡烛、玻璃片、两片双面刀片、玻璃载片、石墨溶液、读数显微镜、尖针、直尺等。

(2)用读数显微镜测量双缝的间距 d。

(3)根据杨氏双缝干涉的基本原理,以及参考双棱镜干涉测量波长的实验方法进行测量。

附录A 常用物理常数(量)表

表 A-1 常用物理常数表

物理量名称	符号	数值	单位	相对标准不确定度
真空中光速	c	$2.997\ 924\ 58\times10^{8}$	$m\cdot s^{-1}$	(精确)
磁常数	μ_0	$4\pi\times10^{-7}$	$N\cdot A^{-2}$	(精确)
电常数	ε_0	$8.854\ 187\ 817\times10^{-12}$	$F\cdot m^{-1}$	(精确)
引力常量	G	$6.674\ 28(67)\times10^{-11}$	$m^3\cdot kg^{-1}\cdot s^{-2}$	1.0×10^{-4}
普朗克常量	h	$6.626\ 068\ 96(33)\times10^{-34}$	$J\cdot s$	5.0×10^{-8}
元电荷	e	$1.602\ 176\ 487(40)\times10^{-19}$	C	2.5×10^{-8}
精细结构常数	α	$7.297\ 352\ 537\ 6(50)\times10^{-3}$		6.8×10^{-10}
里德堡常数	R_∞	$1.097\ 373\ 156\ 852\ 7(73)\times10^{7}$	m^{-1}	6.6×10^{-12}
玻尔半径	a_0	$0.529\ 177\ 208\ 59(36)\times10^{-10}$	m	6.8×10^{-10}
电子质量	m_e	$0.910\ 938\ 215(45)\times10^{-30}$	kg	5.0×10^{-8}
电子荷质比	$-e/m_e$	$-1.758\ 820\ 150(44)\times10^{11}$	$C\cdot kg^{-1}$	2.5×10^{-8}
质子质量	m_p	$1.672\ 621\ 637(83)\times10^{-27}$	kg	5.0×10^{-8}
质子荷质比	e/m_p	$0.957\ 883\ 392(24)\times10^{8}$	$C\cdot kg^{-1}$	2.5×10^{-8}
中子质量	m_n	$1.674\ 927\ 211(84)\times10^{-27}$	kg	5.0×10^{-8}
阿伏伽德罗常量	N_A	$6.022\ 141\ 79(30)\times10^{23}$	mol^{-1}	5.0×10^{-8}
法拉第常数	F	$9.648\ 533\ 99(24)\times10^{4}$	$C\cdot mol^{-1}$	2.5×10^{-8}
摩尔气体常数	R	$8.314\ 472(15)$	$J\cdot mol^{-1}\cdot K^{-1}$	1.7×10^{-6}
玻尔兹曼常量	k	$1.380\ 650\ 4(24)\times10^{-23}$	$J\cdot K^{-1}$	1.7×10^{-6}
标准大气压	p_0	101.325	kPa	
冰点绝对温度	T_0	273.15	K	
标准状态下理想气体的摩尔体积	V	22.413 996	$10^{-3}\ m^3\cdot mol^{-1}$	
标准状态下声音在空气中的速度	v	331.45	$m\cdot s^{-1}$	
标准状态下干燥空气的密度	ρ_a	1.293	$kg\cdot m^{-3}$	

表 A-2　空气的密度/($kg \cdot m^{-3}$)

温度/℃	压强/Pa						
	95 960	97 333	98 630	99 960	101 290	102 630	103 960
0	1.225	1.242	1.259	1.276	1.293	1.310	1.327
4	1.207	1.224	1.241	1.258	1.274	1.291	1.308
8	1.190	1.207	1.223	1.240	1.256	1.273	1.289
12	1.173	1.190	1.206	1.222	1.238	1.255	1.271
16	1.157	1.173	1.189	1.205	1.221	1.237	1.253
20	1.141	1.157	1.173	1.189	1.205	1.220	1.236
24	1.126	1.141	1.157	1.173	1.188	1.204	1.220
28	1.111	1.126	1.142	1.157	1.173	1.188	1.203

表 A-3　标准大气压下不同温度的水的密度

温度/℃	密度/($kg \cdot m^{-3}$)	温度/℃	密度/($kg \cdot m^{-3}$)	温度/℃	密度/($kg \cdot m^{-3}$)
0	999.841	17	998.774	34	994.371
1	999.900	18	998.595	35	994.031
2	999.941	19	998.405	36	993.68
3	999.965	20	998.203	37	993.33
4	999.973	21	997.992	38	992.96
5	999.965	22	997.770	39	992.59
6	999.941	23	997.538	40	992.21
7	999.902	24	997.296	41	991.83
8	999.849	25	997.044	42	991.44
9	999.781	26	996.783	50	988.04
10	999.700	27	996.512	60	983.21
11	999.605	28	996.232	70	977.78
12	999.498	29	995.944	80	971.80
13	999.377	30	995.646	90	965.31
14	999.244	31	995.340	100	958.35
15	999.099	32	995.025		
16	998.943	33	994.702		

表 A-4　某些液体的密度

物质名称	密度/(g·cm^{-3})	物质名称	密度/(g·cm^{-3})	物质名称	密度/(g·cm^{-3})
丙酮	0.791	甲苯	0.866 8	海水	1.01～1.05
乙醇	0.789 3	重水	1.105 75	牛乳	1.03～1.04
甲醇	0.791 3	汽油	0.66～0.90	蓖麻油	1.261
苯	0.879 0	柴油	85～0.855	甘油	1.26
三氯甲烷	1.489	松节油	0.860～0.875		

表 A-5　某些固体的密度

物质名称	密度/(g·cm^{-3})	物质名称	密度/(g·cm^{-3})	物质名称	密度/(g·cm^{-3})
银	10.492	铅锡合金⑦	10.6	软木	0.22～0.26
金	19.3	磷青铜⑧	8.8	电木板	1.32～1.40
铝	2.70	不锈钢⑨	7.91	纸	0.7～1.1
铁	7.86	花岗岩	2.6～2.7	石蜡	0.87～0.94
铜	8.933	大理石	1.52～2	蜂蜡	0.96
镍	8.85	玛瑙	2.5～2.86	煤	1.2～1.7
钴	8.71	熔融石英	2.2	石板	2.7～2.9
铬	7.14	玻璃(普通)	2.4～2.6	橡胶	0.91～0.96
铅	11.342	玻璃(冕牌)	2.2～2.6	硬橡胶	1.1～1.4
锡	7.29	玻璃(火石)	2.8～4.5	丙烯树脂	1.182
锌	7.14	水晶玻璃	2.90～3.00	尼龙	1.11
黄铜①	5～8	瓷器	2.0～2.6	聚乙烯	0.90
青铜②	8.78	砂	1.4～1.7	聚丙乙烯	1.056
康铜③	8.88	砖	1.2～2.2	聚氯乙烯	1.2～1.6
硬铝④	2.79	混凝土	2.4	冰	0.917
德银⑤	8.30	沥青	1.04～1.40	石英	2.50～2.80
殷钢⑥	8.0	松木	0.52	竹	0.31～0.40

注:①Cu 70%,Zn 30%;②Cu 90%,Sn 10%;③Cu 60%,Ni 40%;④Cu 4%,Mg 0.5%,Mn 0.5%,Al 95%;⑤Cu 26.3%,Zn 36.6%,Ni 36.8%;⑥Fe 63.8%,Ni 36%,C 0.2%;⑦Pb 87.5%,Sn 12.5%;⑧Cu 79.7%,Sn 10%,Sb 9.5%,P 0.8%;⑨Cr 18%,Ni 8%,Fe 74%。

表 A-6 某些固体中的声速(沿棒传播的纵波)

固体名称	声速/(m·s⁻¹)	固体名称	声速/m·s⁻¹
铝	5 000	锡	2 730
黄铜(Cu 70%,Zn 30%)	3 480	钨	4 320
铜	3 750	锌	3 850
硬铝	5 150	银	2 680
金	2 030	硼硅酸玻璃	5 170
电解铁	5 120	重硅钾铅玻璃	3 720
铅	1 210	轻氯铜银冕玻璃	4 540
镁	4 940	丙烯树脂	1 840
莫内尔合金	4 400	尼龙	1 800
镍	4 900	聚乙烯	920
铂	2 800	聚苯乙烯	2 240
不锈钢	5 000	熔融石英	5 760

表 A-7 某些固体的线胀系数

物质名称	温度范围/℃	$\alpha/(10^{-6}℃^{-1})$	物质名称	温度范围/℃	$\alpha/(10^{-6}℃^{-1})$
铝	0～100	23.8	锌	0～100	32
铜	0～100	17.1	铂	0～100	9.1
铁	0～100	12.2	钨	0～100	4.5
银	0～100	19.6	石英玻璃	20～100	0.56
金	0～100	14.3	窗玻璃	20～100	9.5
钢(C 0.05%)	0～100	12.0	花岗石	20	6～9
康铜	0～100	15.2	瓷器	20～70	3.1～4.1
铅	0～100	29.2	大理石	25～100	5～16

表 A-8 某些液体的体胀系数(101 325 Pa 下)

物质名称	温度/℃	体胀系数/$(10^{-3}℃^{-1})$	物质名称	温度/℃	体胀系数/$(10^{-3}℃^{-1})$
丙酮	20	1.43	水	20	0.207
乙醚	20	1.66	水银	20	0.182
甲醇	20	1.19	甘油	20	0.505
乙醇	20	1.08	苯	20	1.23

表 A-9　某些金属和合金的电阻率(20 ℃时)及温度系数

物质名称	电阻率/(μΩ·m)	温度系数/℃⁻¹	物质名称	电阻率/(μΩ·m)	温度系数/℃⁻¹
铝	0.028	42×10^{-4}	锌	0.059	42×10^{-4}
铜	0.017 2	43×10^{-4}	锡	0.12	44×10^{-4}
银	0.016	40×10^{-4}	水银	0.958	10×10^{-4}
金	0.024	40×10^{-4}	伍德合金	0.52	37×10^{-4}
铁	0.098	60×10^{-4}	钢(C 0.10%～0.15%)	0.10～0.14	6×10^{-3}
铅	0.205	36×10^{-4}	康铜	0.47～0.51	$(-0.04\sim0.01)\times10^{-3}$
铂	0.105	39×10^{-4}	铜锰镍合金	0.34～1.00	$(-0.03\sim0.02)\times10^{-3}$
钨	0.050	48×10^{-4}	镍铬合金	0.98～1.10	$(0.03\sim0.04)\times10^{-3}$

表 A-10　在 20 ℃时某些金属的弹性模量 *E*

金属名称	弹性模量		金属名称	弹性模量	
	GPa	$N\cdot m^{-2}$		GPa	$N\cdot m^{-2}$
铝	70.00～71.00	$(7.000\sim7.100)\times10^{10}$	锌	80.00	8.000×10^{10}
钨	415.0	4.150×10^{11}	镍	205.0	2.050×10^{11}
铁	190.0～210.0	$(1.900\sim2.100)\times10^{11}$	铬	240.0～250.0	$(2.400\sim2.500)\times10^{11}$
铜	105.0～130.0	$(1.050\sim1.300)\times10^{11}$	合金钢	210.0～220.0	$(2.100\sim2.200)\times10^{11}$
金	79.00	7.900×10^{10}	碳钢	200.0～210.0	$(2.000\sim2.100)\times10^{11}$
银	70.00～82.00	$(7.000\sim8.200)\times10^{10}$	康铜	163.0	1.630×10^{11}

表 A-11　在 20 ℃时某些固体的比热容

物质名称	比热容		物质名称	比热容	
	kcal/(kg·K)	10^3 J/(kg·K)		kcal/(kg·K)	10^3 J/(kg·K)
铝	0.214	0.895	镍	0.115	0.481
黄铜	0.091 7	0.380	银	0.056	0.234
铜	0.092	0.385	钢	0.107	0.447
铂	0.032	0.54	锌	0.093	0.389
生铁	0.13	0.54	玻璃	0.14～0.22	0.585～0.920
铁	0.115	0.481	冰	0.43	1.797
铅	0.030 6	0.130	水	0.999	4.176

表 A-12　某些液体的黏度系数

液体名称	温度/℃	$\eta/(10^{-3}\ Pa \cdot s)$	液体名称	温度/℃	$\eta/(10^{-3}\ Pa \cdot s)$
水	0	1.787	乙醇	0	1.780
	5	1.519		20	1.190
	10	1.307	酒精	0	1.773
	15	1.134		40	0.834
	20	1.002	甘油	−20	1.34×10^{5}
	25	0.980 4		0	1.21×10^{4}
	30	0.797 5		5	6.26×10^{3}
	40	0.652 9		15	2.33×10^{3}
	50	0.546 8		20	1.49×10^{3}
	60	0.466 5		25	945
	70	0.404 2		300	629
	80	0.354 7	蓖麻油	10	2 420
	90	0.314 7		20	986
	100	0.281 8		40	231
甲醇	0	0.817	乙醚	0	0.296
	20	0.584		20	0.243

表 A-13　某些液体的比热容

物质名称	温度/℃	比热容		温度/℃	比热容	
		kcal/(kg·K)	10^3 J/(kg·K)		kcal/(kg·K)	10^3 J/(kg·K)
乙醇	0	0.55	2.30	20	0.59	2.47
甲醇	0	0.58	2.43	20	0.59	2.47
乙醚	—	—	—	20	0.56	2.34
水	0	1.009	4.220	20	0.999	4.182
氟利昂-12	—	—	—	20	0.20	0.84
变压器油	0～100	0.45	1.88	—	—	—
汽油	10	0.34	1.42	50	0.50	2.09
水银	0	0.035 0	0.146 4	20	0.033 2	0.139 0

表 A-14　某些气体的导热系数

物质名称	温度/K	导热系数/(10^{-2} W·m^{-1}·K^{-1})	物质名称	温度/K	导热系数/(10^{-2} W·m^{-1}·K^{-1})
CH_2	300	3.43	Hg	476	0.77
C_6H_6	300	1.04	N_2	300	2.298
C_2H_5OH	373	2.09	O_2	300	2.674
H_2	300	18.15	空气	300	2.61
H_2O	380	2.45	空气	1 000	6.72

表 A-15　某些液体的导热系数

物质名称	温度/K	导热系数/(10^{-2} W·m^{-1}·K^{-1})	物质名称	温度/K	导热系数/(10^{-2} W·m^{-1}·K^{-1})
C_6H_6	300	1.44	甘油	293	2.83
C_2H_5OH	293	1.68	石油	293	1.50
H_2O	273	5.62	硅油(分子量 162)	333	0.993
H_2O	293	5.97	硅油(分子量 1200)	333	1.32
H_2O	360	6.74	硅油(分子量 15800)	333	1.60
Hg	273	84	—	—	—

表 A-16　某些固体的导热系数

物质名称	温度/K	导热系数/(10^{-2} W·m^{-1}·K^{-1})	物质名称	温度/K	导热系数/(10^{-2} W·m^{-1}·K^{-1})
Ag	273	4.28	锰钢	273	0.22
Al	273	2.35	康钢	273	0.22
Au	273	3.18	不锈钢	273	0.14
C(金刚石)	273	6.60	镍铬合金	273	0.11
C(石墨)	273	2.50	硼硅酸玻璃	300	0.011
Ca	273	0.98	软木	300	0.000 42
Cu	273	4.01	耐火砖	500	0.002 1
Fe	273	0.835	混凝土	273	0.008 4
Ni	273	0.91	玻璃布	300	0.000 34
Pb	273	0.35	云母(黑)	373	0.005 4

续表

物质名称	温度/K	导热系数/ (10^{-2} W·m^{-1}·K^{-1})	物质名称	温度/K	导热系数/ (10^{-2} W·m^{-1}·K^{-1})
Pt	273	0.73	花岗岩	300	0.016
Si	273	1.70	赛璐珞	303	0.000 2
Sn	273	0.67	橡胶(天然)	298	0.001 5
水晶(//c)	273	0.12	杉木	293	0.001 13
水晶(⊥c)	273	0.068	棉布	313	0.000 8
石英玻璃	273	0.014	呢绒	303	0.000 43
黄钢	273	1.20			

表 A-17　某些液体表面张力系数

物质名称	接触气体名称	温度/℃	表面张力系数/(10^{-3} N·m^{-1})
水	空气	10	74.22
水	空气	30	71.18
水	空气	50	67.91
水	空气	70	64.4
水	空气	100	58.9
水银	空气	15	487
乙醇	空气	20	22.3
甲醇	空气	20	22.6
乙醚	蒸气	20	16.5
甘油	空气	20	63.4

表 A-18　常用光源的谱线波长　　单位:nm

Hg(汞)	Na(钠)	He—Ne 激光	He(氦)	Ne(氖)	H(氢)
623.44(橙)	589.59(D_1)(黄)	632.8(橙)	706.52(红)	650.65(红)	656.28(红)
579.07(黄)	589.00(D_2)(黄)		667.82(红)	640.23(橙)	486.13(绿蓝)
576.96(黄)			587.56(黄)	626.65(橙)	434.05(蓝)
546.07(绿)			501.51(绿)	614.31(橙)	410.17(蓝紫)
491.60(绿蓝)			492.19(绿蓝)	588.91(黄)	397.01(蓝紫)
435.83(蓝)			471.31(蓝)		
407.78(蓝紫)			447.15(蓝)		
404.66(蓝紫)			402.62(蓝紫)		
			388.87(蓝紫)		

附录B　国际单位制

表 B-1　国际单位制的基本单位

量的名称	单位名称	英文名称	单位符号
长度	米	meter	m
质量	千克(公斤)	kilogram	kg
时间	秒	second	s
电流	安[培]	Ampère	A
热力学温度	开[尔文]	Kelvin	K
物质的量	摩[尔]	mole	mol
发光强度	坎[德拉]	candela	cd

表 B-2　国际单位制的辅助单位

量的名称	单位名称	英文名称	单位符号
[平面]角	弧度	radian	rad
立体角	球面度	steradian	sr

表 B-3　国际单位制的辅助单位

量的名称	单位名称	英文名称	单位符号	其他表示
频率	赫[兹]	Hertz	Hz	s^{-1}
力	牛[顿]	Newton	N	$kg \cdot m/s^2$
压力,压强,应力	帕[斯卡]	Pascal	Pa	N/m^2
能[量],功,热量	焦[耳]	Joule	J	$N \cdot m$
功率,辐[射能]通量	瓦[特]	Watt	W	J/s
电荷[量]	库[仑]	Coulomb	C	$A \cdot s$
电势,电压,电动势,电位	伏[特]	Volt	V	W/A
电容	法[拉]	Farad	F	C/V
电阻	欧[姆]	Ohm	Ω	V/A
电导	西[门子]	Siemens	S	Ω^{-1}

续表

量的名称	单位名称	英文名称	单位符号	其他表示
磁能[量]	韦[伯]	Weber	Wb	V · s
磁通[量]密度,磁感应强度	特[斯拉]	Tesla	T	Wb/m^2
电感	亨[利]	Henry	H	Wb/A
摄氏温度	摄氏度	degree Celsius	℃	K
光通量	流[明]	lumen	lm	cd · sr
[光]照度	勒[克斯]	lux	lx	lm/m^2
[放射性]活度	贝可[勒尔]	becquerel	Bq	s^{-1}
吸收剂量	戈[瑞]	Gray	Gy	J/kg
剂量当量	希[沃特]	Sievert	Sv	J/kg

表 B-4 可与国际单位制单位并用的我国法定计量单位

量的名称	单位名称	单位符号	与国际单位制单位的关系
时间	分 [小]时 天(日)	min h d	1 min=60 s 1 h=60 min=3 600 s 1 d=24 h=86 400 s
[平面]角	[角]秒 [角]分 度	″ ′ °	1″=(π/648 000)rad(π 为圆周率) 1′=60″=(π/10 800)rad 1°=60′=(π/180)rad
旋转速度	转每分	$r \cdot min^{-1}$	$1\ r \cdot min^{-1}=\frac{1}{60}\ s^{-1}$
长度	海里	n mile	1 n mile=1 852 m(只用于航行)
速度	节	kn	$1\ kn=1\ n\ mile \cdot h^{-1}=(1\ 852/3\ 600)m \cdot s^{-1}$(只用于航行)
质量	吨 原子质量单位	t u	$1\ t=10^3\ kg$ $1\ u\approx1.660\ 540\times10^{-27}\ kg$
体积	升	L	$1\ L=1\ dm^3=10^{-3}\ m^3$
能	电子伏	eV	$1\ eV\approx1.602\ 177\times10^{-19}\ J$
级差	分贝	dB	—
线密度	特[克斯]	tex	$1\ tex=10^{-6}\ kg \cdot m^{-1}$

参 考 文 献

[1]《大学物理实验》编写组. 大学物理实验教程[M]. 修订本. 北京：北京邮电大学出版社，2023.
[2]张兆奎，缪连元，张立. 大学物理实验[M]. 2 版. 北京：高等教育出版社，1993.
[3]江兴方. 物理实验[M]. 北京：科学出版社，2005.
[4]钱锋，潘人培. 大学物理实验[M]. 2 版(修订本). 北京：高等教育出版社，2005.
[5]王殿元. 大学物理实验[M]. 北京：北京邮电大学出版社，2004.
[6]赵光强，申莉华，李玉琮. 大学物理实验教程 [M]. 2 版. 北京：北京邮电大学出版社，2013.
[7]丁慎训，张连芳. 物理实验教程[M]. 北京：清华大学出版社，2002.
[8]郑建洲. 大学物理实验[M]. 北京：科学出版社，2007.
[9]黄志高. 大学物理实验 [M]. 3 版. 北京：高等教育出版社，2020.
[10]刘建科，申志荣，朱桥. 大学物理实验[M]. 北京：科学出版社，2021.
[11]程守洙，江之永. 普通物理学[M]. 6 版. 北京：高等教育出版社，2006.
[12]陆廷济，胡德敬，陈铭南. 物理实验教程[M]. 上海：同济大学出版社，2000.
[13]吴泳华，霍剑青，熊永红. 大学物理实验：第一册[M]. 北京：高等教育出版社，2001.
[14]沈元华，陆申龙. 基础物理实验[M]. 北京：高等教育出版社，2003.
[15]吴晓立，杨仕君，朱宏娜. 大学物理实验教程[M]. 成都：西南交通大学出版社，2007.
[16]黄耀清，王凤超，郝成红. 大学物理实验教程：设计创新实验[M]. 北京：机械工业出版社，2020.
[17]吴平. 大学物理实验教程[M]. 2 版. 北京：机械工业出版社，2015.
[18]黄耀清，赵宏伟，葛坚坚. 大学物理实验教程：基础综合性实验[M]. 北京：机械工业出版社，2020.
[19]杨述武，孙迎春，沈国土，等. 普通物理实验：力学、热学部分[M]. 5 版. 北京：高等教育出版社，2015.
[20]周厚兵. 大学物理实验(基础类)[M]. 桂林：广西师范大学出版社，2022.
[21]朱长明，孔文婕. 大学物理实验(专业类)[M]. 桂林：广西师范大学出版社，2022.